岩波現代文庫／学術 356

江戸の酒

つくる・売る・味わう

吉田 元

岩波書店

岩波現代文庫版まえがき

古代の農耕社会では、穀物が無事に収穫できたことを神に感謝し、また翌年の豊穣を祈願した。最初に収穫された初穂と、初穂で醸造した酒を神に捧げる祭の儀式は、稲に限らず麦、雑穀などの穀物を用いて世界各地で行われてきた。

日本の古代酒はどんなものだったのだろうか。現在の日本酒は、蒸した米、そこにコウジカビを増殖させた麴《こうじ》、水からつくられるが、古代の酒は今よりも水の割合が低く、粘度は高く、ヨーグルト状だったといわれる。平安時代から中世にかけては、貴族はともかく、庶民が飲んでいた酒はまだこうした濁り酒が中心だった。

室町時代から戦国時代の末にかけては、僧坊酒《そうぼうしゅ》、つまり寺院でつくられる酒が隆盛をきわめ、酒も清酒、つまり澄み酒がもてはやされるようになったが、近畿では河内の天野山金剛寺、近江の百済寺、奈良の興福寺などの酒が特に評判が高かった。

奈良の興福寺など、多くの人をかかえていた大寺院では、正月酒を自家醸造することがあったが、後には商業的な規模での酒づくりを行うようになった。戦国時代の末頃は、日本酒の技術で大きな技術革新のあった時期であり、後に定着する「寒《かん》づくり」や「火入れ」などの技術は、こうした僧坊酒づくりの中から生まれた。また酒の嗜好面でも、それまでは長期間熟成させた「古酒」が珍重されたが、次第にできたての「新酒」が好まれるなどの変化がはじまった。

奈良の寺院からはじまった新しい技術は、奈良市中から、和泉《いずみ》、摂津《せっつ》へと伝えられ、関西には、伊丹《いたみ》、池田、鴻池《こうのいけ》、灘《なだ》、西宮《にしのみや》などの大生産地が次々と誕生した。上方《かみがた》、つまり関西から江戸へ送られる「下《くだ》り酒」の輸送は、当初は酒樽を馬の背に積む小規模なものだったが、やがて船による海上輸送にかわった。酒の容器が陶器の壺や甕から、木製の樽や桶にかわったことも、長距離大規模輸送を可能にした。

また関西から関東への輸送、大都市江戸における大量消費は、酒を専門に扱う問屋や為替《かわせ》制度なども生み出した。こうした状況は、ほぼ江戸時代初期にはじまり、他の東アジア諸国と比べても進んだものだった。単身赴任者が多く、早くから外食店が発達した江戸の町では、酒も正式の宴会作法によらない居酒屋における飲酒など、従来にない飲酒スタイルが生まれた。

本書の題名は『江戸の酒』となっているが、江戸庶民の飲酒風俗に関する記述は少ない。取り上げたのは、都とはいえ、すでに衰退期に入った京都の小さな町酒屋、山国信州における酒づくり、つねに冷害と飢饉に苦しめられた南部八戸《はちのへ》の酒づくり、関東において本場関西の酒に負けない品質の酒をつくろうと、寛政改革の際に幕府主導で試みられた「御免関東上酒《ごめんかんとうじょうしゅ》」など、地方における地道な酒造改良の試み、また外国人による日本酒の評価などである。

使用した資料も、これまであまり知られていない地方資料であり、登場人物も有名人ではなく、農民、鉱山労働者、出稼ぎ杜氏、造り酒屋などの庶民である。江戸時代の元禄期は、東北地方では凶作による悲惨な状況が続き、恵まれた境遇を送った者は少ない。本書のテーマは、巨大消費都市江戸をその外から眺めた江戸の酒である。

こうした地方における酒づくりの努力が実を結ぶには、まだ長い時間がかかった。地方酒の品質が画期的に改善されてくるのは、明治以降、国主導による酒造改善策の結果であるが、彼らの苦労が無駄だったわけではない。いわば豊かな収穫のための種子播き、苗床づくりの段階だったとも言える。江戸時代の酒を知ることは、現代の日本酒の基礎を理解することにもなるのである。

本文中の写真はすべて著者の撮影による。

目　次

第一章　花の田舎の酒
——京都の近世酒づくり

京都のことを、「花の都は二〇〇年前にて、今は花の田舎たり、田舎にしては花残れり」と評したのは、一八世紀後半の明和か安永年間、京都に一年半余り滞在して『見た京物語』を書いた江戸の狂歌師二鐘亭半山《にしょうていはんざん》という人物である。彼によれば、京都は砂糖漬のような所で、雅《みやび》があって味でいえば甘いが、かみしめて旨味《うまみ》がない、ひからびたようで潤沢なことがない、きれいだがどこか寂しいという。

この「花の田舎」という言葉はずいぶん有名になって、たびたび引用される。滝沢馬琴《たきざわばきん》も京都人とその食物を口をきわめてけなしたし、蜀山人《しょくさんじん》こと大田南畝《おおたなんぽ》(一七四九—一八二三)の『京風いろは短歌稿』などはもっと辛辣である。いずれも、この時代になって京都に対し自信をつけてきた関東人のものである。

京都は江戸、大坂と並ぶ三都の一つであり、人口も多い時で五〇万人近くあった大都会とはいえ、政治の中心はすでに江戸に移り、元禄年間あたりをピークに次第に衰退期に入っていく。また宝永五年(一七〇八)の大火、享保一五年(一七三〇)の西陣焼け、市街地の大半を焼失した天明八年(一七八八)の大火など、何度も大火に見舞われた。そのため西陣織など京都の先進的産業の職人が他の地方へと流出し、かつての技術の優位性も次第にゆらぎはじめ、他の産地におびやかされるようになった。

これは酒造業についてもいえることで、中世の京都は最初の酒銘つきの酒「柳酒《やなぎざけ》」を生み、都の酒の評判は地方でも高かったのに、江戸時代の京都酒造業にはさっぱり活力が感じられない。巨大都市江戸へ大量の酒を積み出し、急速に発展していく池田、伊丹、灘などに比べ、京都では狭い町の中で多くの小酒屋が仲よく客を分け合い、皆で結束して他国の酒は入れぬようにしよう、などという情けない話ばかりである。また江戸時代の京都からはもう新しい技術が誕生することもなかった。

京都のゆっくりした衰退、復興への模索、観光都市化など、今日的課題は、明治の東京遷都以前からすでに存在していたのである。

まずはこの花の田舎、京都から話をはじめることにしよう。

衣笠山の麓で

京都の西北にある鹿苑寺《ろくおんじ》(通称金閣寺)の鳳林承章《ほうりんじょうしょう》(一五九三―一六六八)は、公家勧修寺《かじゅうじ》晴豊《はるとよ》の六男にあたり、後陽成《ごようぜい》天皇とはいとこの関係である。早くから仏門に入り、相国寺《しょうこくじ》、鹿苑寺の住持《じゅうじ》となったが、四四歳から七六歳で死ぬ直前まで延々三〇年以上にわたって書き続けられた彼の日記『隔蓂記《かくめいき》』は、江戸時代初期の禅宗寺院をはじめ、宮廷、京都市中の生活のありさまをいきいきと伝える貴重な資料である。鳳林和尚は禅宗の僧侶だが、もともと公家の出身であるから、漢詩、連歌から華道、茶道に至るまであらゆる文化にまことに造詣が深く、交際の範囲も僧侶、公家はもちろん、武士、茶道の千宗旦《せんのそうたん》や金森宗和《かなもりそうわ》、華道の池坊専好《いけのぼうせんこう》までまことに広かった。この日記から抹香臭さはあまり感じられない。

後陽成天皇の次の天皇で、幕府との対立から若くして譲位し、あの洛北修学院離宮を造営するなど寛永の京都文化サロンの中心人物であった後水尾《ごみずのお》天皇(一五九六―一六八〇)とは年齢や趣味が近いこともあって、親しい交際は終生続いた。鳳林和尚は洛北修学院や岩倉長谷方面への行幸《みゆき》にしばしば泊まりがけでお伴をし、一時は衣笠《きぬがさ》山麓に離宮を造営する計画について相談を受けたこともある。

鳳林和尚の住む鹿苑寺は、なだらかな衣笠山麓に位置しており、このあたりは寒さの厳しい京都の冬でも比較的暖かく感じられる。寛永年間当時の絵図を見ると、鹿苑寺の門前は一面の田圃《たんぼ》であり、東南方面は平野神社から北野神社の森まで見渡すことができた。森ではしばしば勧進能《かんじんのう》などが催されている。

京都は町の規模も小さいから、後水尾上皇がお住まいの仙洞《せんとう》御所へも楽に歩いて行ける。弁当を持参しての賀茂《かも》の競馬《くらべうま》見物、東山の遊覧、また泊まりがけの洛西高雄《たかお》の紅葉狩り、松茸狩りと遊ぶ場所には事欠かない。金閣もすでに今日と同じく地方の大名、公家、茶人、田舎からの観光客に拝観をさせており、時にはここで飲食も行われた。

鳳林和尚は食に関しても相当にうるさい人であった。鹿苑寺や相国寺などで寺の重要な行事がある日の献立は細かく日記に書きとどめ、ぶどう、いちじく、りんごなど珍しい果樹が手に入ると寺の庭に植えさせた。室町時代に相国寺の僧侶が書いた『蔭涼軒《おんりょうけん》日録《にちろく》』にはじまって『鹿苑《ろくおん》日録』、そしてこの『隔蓂記』までを丹念にたどれば、中世末から近世初期にかけての食文化で禅宗寺院が果たしてきた役割を解明できよう。それは厖大な時間を要する研究であり、いずれじっくりと取り組みたいと思う。『隔蓂記』を読むと、平和な時代となった一七世紀はじめの京都の食の豊かさ、後水尾上皇のサロンに出入りする公家、僧侶、武士たちの優雅な生活には驚かされる。しばらくはこの『隔蓂記』をたよりに、禅寺と宮廷の酒と食の文化をのぞいてみることにしよう。

鳳林和尚は坊さんらしく酒が大好きだった。こんなことを書くと叱られそうだが、当時の坊さんはたいてい酒が大好きだったのである。日記中にさりげなく「酉水」とあるのは、分解した酒の字である。彼は実によく飲み、しばしば「沈酔《ちんすい》に及ぶ」、つまりひどく酔っぱらった。

かつて京都で有名だった酒は五条西洞院《にしのとういん》の「柳酒」で、室町時代の公家や僧侶の日記中には「柳」の名でしばしば登場する。酒屋のかたわらに柳の木が植わっていたからともいわれるが、この「柳酒」が酒銘のはじまりである。また河内《かわち》天野《あまの》山金剛寺(現・大阪府河内長野市)でつくられる僧坊の酒「天野」、奈良興福寺の酒、近江の大津酒なども早くから京都に入っていた。しかし、約二〇〇年後の和尚の日記には「柳酒」や「天野」はもうほとんど出てこない。

一六世紀の中頃に奈良で誕生した諸白《もろはく》とは、蒸米と麹《こうじ》米の双方に精白した米を使ってつくる高級酒のことだが(第二章参照)、やがて大坂に近い堺や平野など各地に「〇〇諸白」という品質のすぐれた酒が生まれた。一方麹に玄米を使う従来型の酒は、江戸時代に入ると、諸白と区別して「片白《かたはく》」と呼ばれた。

『隔蓂記』に出てくる諸白は、発祥の地奈良産の「南都《なんと》諸白」、また名前からして僧坊酒らしい「南都井之坊諸白」というのがある。この諸白を入れる容器は、小型の「手《て》樽《だる》」だけでなく、角型の「指樽《さしだる》」や「大樽」も使われていた。諸白はほかに和泉堺《さかい》産の「堺諸白」、また既に京都酒は他国の酒に押され気味になっていたのか登場回数は多くないが、「京諸白」もある。まだ酒の密造が厳しく取り締まられることのない時代ゆえか、大きな家では自家製の酒もあり、和尚は「手作之《てづくりの》諸白」を人からもらっている。

日本酒は日持ちをよくするため、一六世紀半ば頃から「火入《ひい》れ」と称して摂氏六〇度くらいの低温で加熱殺菌をするようになったが、火入れしない酒を「生酒《なまざけ》」と称し、京都には堺産の生酒が入っていた。またその年につくった新酒よりも年を越した古酒《こしゅ》の方を好む人も当時はかなりいて、三年間貯蔵した「三年酒」も日記に出てくる。酒の貯蔵技術はかなりの水準に達していたようだ。

醪《もろみ》を酒袋に入れて搾ると、清酒と酒粕に分かれる。そのあと清酒を放置しておくと、次第に酒桶の底に沈殿がたまる。これが滓《おり》で、清酒と滓の中間の濁った部分を汲み取った酒を「中汲《なかぐみ》(酌)」という。今日濁り酒として販売されているのは大部分この中汲である。『隔蓂記』には中汲として、京都、大坂の中ほどにある摂津富田《とんだ》の「富田酒」や「大坂酒」が見える。ほかに丹後酒、備後三原など遠くの酒も京都に入っていた。

九州博多の練酒《ねりざけ》は白酒で、餅米でつくり、醪を臼で引きつぶす。甘酒ではないが、練《ねり》絹《ぎぬ》のような光沢がある甘口酒である。京都では贈り物として人気が高かった。鳳林和尚がもらった練酒は大体染付けの瓶か、時には珍しいオランダ焼の小徳利に入っていた。その影響を受けたのか、京都では六条山川の白酒がのちに名物となっている。

ふだん鳳林和尚は清酒しか飲まなかったが、寺の用を請け負う農民たちに飲ませる酒は別である。寺では、毎年夏になると門前の農民を総動員して金閣の池を掃除させるのだが、その際昼食には手づくりの濁り酒を振舞う習わしだった。七〇人余りに濁り酒三斗五升を用意した記録があるから、一人当たりにすると五合、アルコール濃度も高くはないから、ちょうどよい気分になれるくらいの量だ。

本書では、以下便宜上尺貫法《しゃっかんほう》を使わせていただくが、一合《ごう》＝〇・一八リットル、一升《しょう》＝一・八リットル、一斗《と》＝一八リットル、一石《こく》＝一八〇リットルとなる。日付も特に記さない限り、太陽暦より約一カ月遅い旧暦である。

さて、暑い盛りに池さらいの重労働をさせられるのだから、農民たちにしてみれば楽しみはお昼の酒で、出さないと要求され、あわてて以前つくった濁り酒の残り粕を提供したこともあった。寺には酒づくりの技術を持つ人がいたらしい。もちろん寺での酒づくりは本来御法度《ごはっと》で、公然とはできないから、酒は「内々醸也《ないないかもすなり》」と記されている。少し後の寛文七年(一六六七)三月になると、煙草と酒づくりを禁止する触れが京都五山で回覧されている。

その他、八月の鹿苑寺祭礼の日にも、塗桶《ぬりおけ》入り濁り酒と強飯《こわいい》を農民たちに振る舞う習わしだった。

日本には一六世紀半ば頃九州に蒸留技術が伝えられ、蒸留酒がつくられはじめたが、焼酎、甘い味醂、それに琉球泡盛《あわもり》も京都に入っている。泡盛は従来の説よりも早くから文献中に名前が見出せ、私の知る限りでは元和五年(一六一九)の『梅津《うめづ》政景《まさかげ》日記』の記事が初見である。長期間熟成させた泡盛「古酒《くーす》」のまろやかな味と香りはとくに素晴らしい。後水尾上皇のお求めで泡盛古酒が献上されたこともある。また「アラキ」は南蛮渡来の焼酎様の酒、「芋酒」とはサツマイモからつくった芋焼酎か、あるいはヤマノイモを摺りおろして焼酎を加えた酒か。これは強い酒だったらしく、わずか数盃の芋酒でさすがの鳳林和尚も沈酔し、早々に帰山してしまった。

『隔蓂記』で驚くのは、このほかにも薬草を漬け込んだ薬酒の種類が非常に多いことで、朝鮮薬酒、槿花《きんか》酒、長命酒、保命《ほうめい》酒、桑酒、地黄《じおう》酒、生姜《しょうが》酒、五加皮《うこぎ》酒、豆淋《とうりん》酒、忍冬《にんどう》酒、黄精《おうせい》酒、八珍酒、屠蘇《とそ》酒など、内容がわからないものもあるが、どんな酒か想像するだけで楽しい。

ところで、こうした豊富な種類の酒を飲みながら、和尚はどんなものを食べていたのだろう。ここで、寺院での酒と食事の関係について少し述べてみよう。本来仏教では一日一食、正午以後の食事を禁じたので、正しい時にとる食事の意味で斎《とき》、それ以外の食事を非時《ひじ》と称した。『隔蓂記』には行事の際の斎の献立がよく残されているが、たいていの場合酒がついた。食事中に出す酒のことを中酒《ちゅうしゅ》という。

以下は寛永一五年(一六三八)一一月九日、南禅寺における饗応の献立である。

牛蒡《ごぼう》　芹《せり》　曲物《まげもの》 香物《こうのもの》　蓮《はす》 土器《かわらけ》ニ入輪

湯漬《ゆづけ》　二　油麩《ふ》 同　集汁《あつめじる》 大皿ニ入　吸物 麩　梅干

同

煎昆布 油ニテハ無之　曲物 香豆 味噌焼　干瓢《かんぴょう》 同　酢大根 麩 土器

結昆布　蜜柑　胡桃　海苔
菓子　結花結松　羊肝《ようかん》　吸物 平茸　吸物平茸
小串　アメ〳〵　油麩　干瓢

まず茶礼、そのあと飯に湯を注いだ湯漬《ゆづけ》が二膳、麩《ふ》の吸物、海苔、菓子などが出された。精進料理だからすべて植物性の材料を用いた。集汁《あつめじる》というのはさまざまな具を入れた汁、平茸は今日シメジの名で市販されている茸、羊肝《ようかん》は寒天で固めた今日の菓子ではなく、小麦粉を使ったあつものか。

寺院の斎が本来あるべき姿を忘れ、次第にぜいたくになったとの批判ゆえか、和尚が住持を兼務していた相国寺においては、斎は一汁三菜《いちじゆうさんさい》(汁一種、おかず三種)まで、また菓子は三種までとする申し合わせがなされた。万治三年(一六六〇)一二月二六日の斎は「今日初めて法度《はっと》の如《ごと》し」とある。この一汁三菜の中身は、温かい汁は大根のみそやき入り、おかずは油なしの煮昆布、牛蒡《ごぼう》の白あえ、麩とこんにゃくを煮たもの、突き出しは香の物、塩山椒。一汁だから、ほかにこれまでのような冷たい汁はなく、また禁酒でもあった。菓子は饅頭二個と蜜柑、昆布の三種。

さて、坊さんなら禁酒は本来守るべき戒律である。明暦三年(一六五七)九月二八日の相国寺開山忌の際、ある僧が斎を禁酒にしようと提案したことがあった。まことにごもっともである。鳳林和尚答えて曰《いわ》く、「予は酒を好まないから禁酒にすることを厭《いと》うものではない。しかし二五〇年来の習慣を変えることは望まない」。

和尚は笑っていたが、結局この僧の正論が通って、その年から菓子は例年通りだが、中酒はなくなってしまった。正論には抗しがたいから皆困るのである。

茶会も盛んであった。春に収穫した新茶を入れた茶壺の口を秋に開ける際に行う「口《くち》切《きり》の茶会」は、仙洞御所、鹿苑寺、諸公家の屋敷においてしばしば催されたが、これも茶会だけでお上品に終わることはなく、たいていその後酒が出て酒宴になった。

寛永二〇年(一六四三)三月二六日、仙洞御所における茶会はまことに盛大だった。この日の準備役を命じられた鳳林和尚は打ち合わせに忙殺された。仙洞御所の台所人と相談をし、ふだんから親しい高雄の上人、本願正円《ほんがんしょうえん》には立花を依頼し、この時期には珍しい松茸の漬物、大きな筍、革茸《こうたけ》なども集めた。

当日二六日は幸い晴天だった。お茶と膳は仙洞御所の庭にある茶屋《ちゃや》において後水尾上皇に進上する。鳳林和尚はこの日自分の所持する亀山院の宸翰《しんかん》(天皇の書)を茶屋にかけた。高雄の上人は鹿苑寺で切ってきたばかりの満開の藤を床に生けた。お客はいつも通り上皇の弟、聖護院《しょうごいん》や青蓮院《しょうれんいん》の門跡《もんぜき》たちである。

狭い茶屋での茶会が終わると、広い庭へ会場を移した。上皇は食事後仙洞御所の池で舟遊びをされ、再び茶屋に入られたが、勅命により鳳林和尚が濃茶、次いで薄茶を立てた。茶入は粟田口作兵衛作の丸壺、また茶碗、茶入袋、茶筅、茶巾などの道具類はすべてこの日のために新調した。お茶の後には菓子が出、話がはずんだ。

夕方暗くなってからようやく後段が出た。後段とは正式の食事後の軽い食事である。その後は余興に謡も飛び出すにぎやかな酒宴となり、たちまち「乱酒」である。茶会の準備役を無事に果たせて鳳林和尚はうれしかったが、上皇の御機嫌もまことにうるわしく、天盃を頂戴すること四度にも及んだ。この日は、夜眠ると体内の虫が天に上り、その人の悪事を天帝に告げるから起きていなければならないという庚申の日だったから、今夜は徹底的に遊ぼうというわけで、上皇が還御されたのは深夜になってからであった。

この時代、幕府と朝廷の間にはしばしば緊張した関係が生じ、それが原因で後水尾天皇は若くして譲位してしまわれたのである。後半生は、宮廷における文芸活動、茶の湯、立花、修学院離宮の造営などに力を注がれた。徳川秀忠の娘和子(東福門院)の入内は、たしかに政略結婚ではあったが、幕府の経済面での大幅な援助によって天皇家の生活が室町、戦国時代の窮乏状態から安定したものとなったのも事実である。こうした安穏を背景に上皇の多くの兄弟、子供たち、公家、茶人、そして僧侶は、平和なこの時代に花開いた宮廷文化を享受したのであった。

酒銘——都の酒の香り

江戸時代の京都酒造業について調査しようとすると、資料がまことに乏しいという壁に突き当たってしまう。歴史の古い町にもかかわらず、技術はもちろんのこと、一軒ごとの酒屋の規模を把握できる資料もほとんどない。この点では最近次々と県史、市町村史を刊行している他府県の方が調査はずっと楽だ。

伊丹、灘などの産地には、江戸時代から今日まで続く酒造会社があるから、たいてい社史も刊行され、古い資料も収録されているが、伏見を除いた旧京都市内では、酒屋そのものがほぼ消滅してしまった。加えて大火、戦乱による資料の焼失もある。そんなわけで京都酒造史の本格的研究はまだ手がつけられていないが、手元にある資料をもとにして江戸時代以降の京都酒造業の変遷をたどってみることにしよう。

中世京都における酒屋の所在地、屋号、酒造人名に関しては、麹づくりの同業者組合ともいうべき麹座《こうじざ》を結成していた北野神社神人《じにん》(本来神社の雑役、警備にあたったが、商売も行った)による応永三二年(一四二五)の「洛中洛外酒屋名簿」(酒屋数三四二軒、図1)のほか、嘉吉《かきつ》元年(一四四一)の「蜷川《にながわ》家文書」、永正一二年(一五一五)の「小西家文書」などがある。

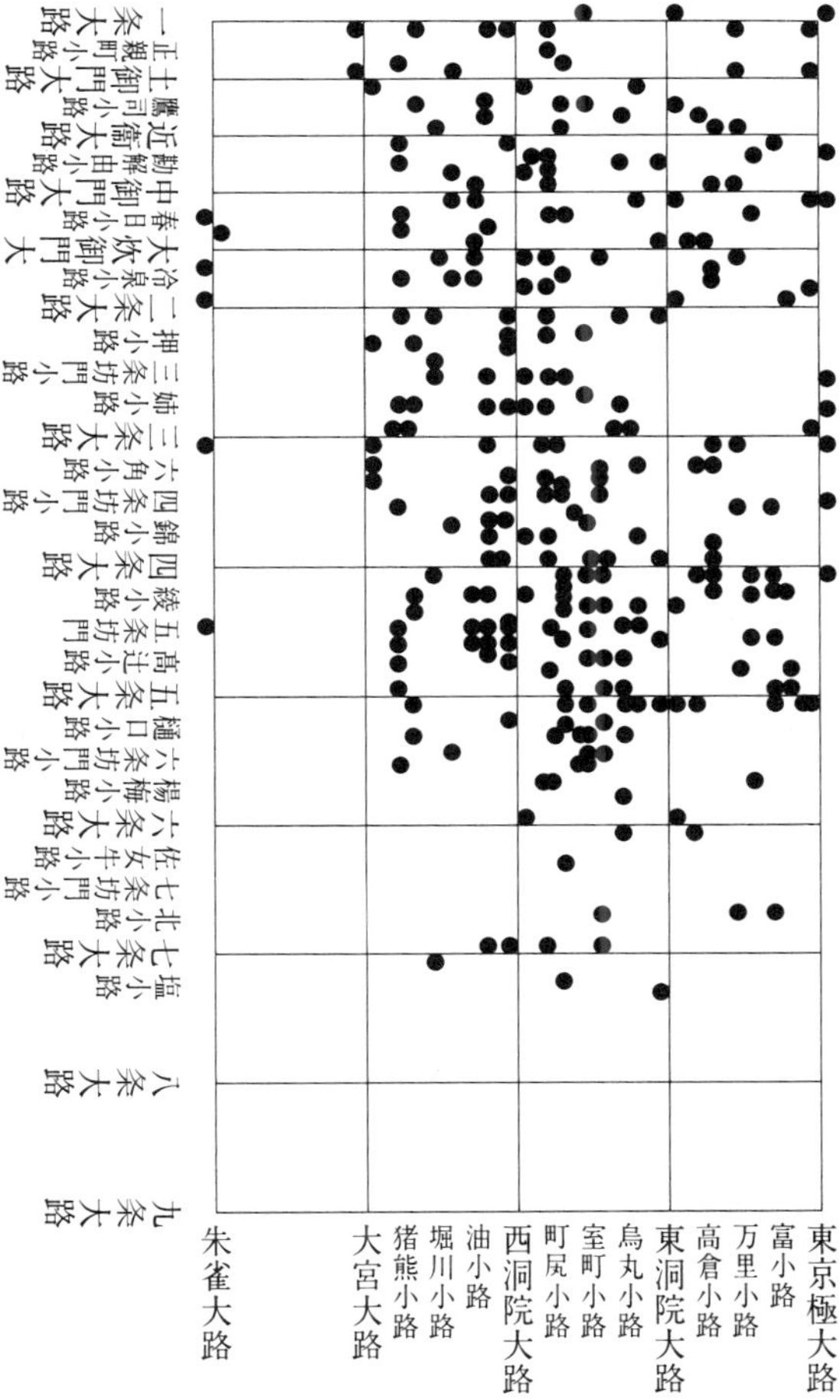

(原図：小野晃嗣『日本産業発達史の研究』1941年)

図1　洛中の酒屋分布

中世京都の酒屋の多くは、土倉《どそう》と称する金融業者を兼ねていた。富裕な土倉の中には護衛の私兵を擁する者すらあった。一六世紀半ばに大きな桶が登場する前のことだから、二石から三石入りの瓶《かめ》を多数土間に並べて酒をつくっていたらしい。

江戸時代の酒屋については、徴税、その他さまざまな取り締まりを行った行政側が残した『元禄覚書《げんろくおぼえがき》』『京都御役所向大概覚書《おんやくしょむきたいがい》』などの資料が残されているので、それらを検討しよう。

『元禄覚書』、元禄一〇年(一六九七)の「洛中洛外酒改運上之訳《らくちゅうらくがいさけあらためうんじょうのわけ》、酒屋数並造高《ならびにつくりだか》」によると、洛中、洛外、嵯峨《さが》、八幡、山崎、井出村、醍醐《だいご》、江州坂本まで合わせて六二六軒の酒屋があり、酒造米の使用量を示す酒造総米高は二万五七六九・五石となっている。また京都の南、伏見には六六軒の酒屋があった。近世初期から中期にかけての京都を中心に政治、経済、宗教等について調査、記録した『京都御役所向大概覚書』によれば、寛文九年(一六六九)、洛中洛外で合計一〇八四軒、正徳六年(一七一六)、洛中五三九軒、洛外二三六軒となっている。

長年岐阜県養老郡を領地としていた武士高木家の『高木家文書』中に「酒銘」という文書が発見され、名城大学の山下勝氏、美智子氏が『酒史研究』誌上で紹介されている。『高木家文書』は名古屋大学が所蔵するもので、「酒銘」は「蘭園主人」なる人物が京都の酒のさまざまな酒銘の由来を紹介したものである。文書の成立年代は、そこに登場する酒の銘から、元禄一〇年に近い頃と推定されている。

『高木家文書』によれば、京都の酒屋の屋号には菱屋、八文字屋、桝《ます》(升)屋、鍵屋などが多く、また経営者の出身地名か、和泉屋、堺屋、平野屋なども多い。また酒屋の分布は室町、戦国時代と大差なく、市の中心部を流れる堀川をはさんで東西に、北は今出《いまで》川《がわ》通から南は七条通あたりにまで広がっている。大宮通以西はまだ低湿地の田圃で、人家もこのあたりで途切れる。水の便がよいためか、鴨川の東岸、四条の建仁寺から七条の方広寺大仏殿あたりにかけても多数の酒屋が存在した。

酒に銘をつけることは先の柳酒にはじまるが、他の酒との差別化もできるし、何より宣伝になるというわけで、京都の酒屋はわざわざ公家や高僧に頼んで和歌からとった銘をつけてもらったのである。地方ではまだ「諸白、片白、並酒」といった酒の等級を示すだけのところが多かった時代、京都ではすべての酒に優美な銘がつけられていたのは、さすがに文化の先進地である。『高木家文書』には二〇三軒すべての酒の銘が掲載され、もとになった和歌も紹介されているので、主なものを拾ってみよう。商標権もない時代ゆえか同じ銘も多く、「花橘《はなたちばな》」「若緑《わかみどり》」「音羽《おとわ》」「有明《ありあけ》」などは何軒もの酒屋で使っている。全体として花、松、鶴、亀などの字が入った優しげな酒銘が多かった。

新町通一条上ルの有力な酒屋重衡《しげひら》は、一軒で「舞鶴《まいつる》」「細石《さざれいし》」「御手洗《みたらし》」の三酒銘を持つ。

御銘「舞鶴」

白くもに羽打かけてとふ《(飛)》鶴の

はるかに千代のおもほゆるかな

妙法院宮御銘「細石」

君か代ハちよにやちよに細石の

いはほ《(巌)》となりてこけ《(苔)》のむすまて

右同断「御手洗」

きく度にたのむ心そすみまさる

かもの社のみたらしのこゑ

御手洗川は下鴨神社の境内を流れる小川。「花橘」は多くの酒屋がつくり、それぞれ引用されている和歌も違うが、八文字屋の「花橘」は、

とほぢより吹来る風の匂ひこそ

花たちはなのしるへなりけれ

第二次大戦後まで残っていた北野経王堂前津国屋《つのくにや》の「この花」は、

津の国のあしやよしやと人とハ、

この花さけるみき《（御酒）》とこたへて

また京都土産として有名だった六条茨木屋山川の酒は、

散ぬより紅葉に浪ハうつろひて
つたの下行《したゆく》うつの山かわ

などとなっている。いずれも出入りしている公家や門跡に銘をつけてもらい、「○○様御銘」として格付けしたのであろう。

この『高木家文書』とほぼ同じ時期、元禄年間頃から、京都の本屋は観光客用に地誌の類を多く刊行したが、その中から京都の名酒を探ってみよう。

『京羽二重《きょうはぶたえ》織留《おりどめ》』（一六八九）は、趣味と実益をかねた京都案内書の代表、『京羽二重』（一六八五）の補遺であるが、京都の名酒として、堀川御池《おいけ》下ル富田屋の「有明《ありあけ》」、堀川丸太町上ル坂田屋「花橘」、油小路竹屋町上ル関東屋の「蘭菊《らんぎく》」、同井筒屋の「若みどり」、同広永屋の「初ざくら」、新町一条上ル重衡《しげひら》の「舞鶴」「細石」を挙げている。

また約一〇〇年後の京名物評判記『水の富貴寄《ふきよせ》』（一七七八）「飲食」の部には、尾道屋《おのみちや》源右衛門（銘は不詳）、茨木屋の「砂越《すなごし》」、壺屋の「滝の水」、津国屋の「この花」などが紹介され、「この花」については酒の批評もある。

「いづれ此人《このひと》、何のくせなく、貴家《きか》好人《こうじん》にあいせられ、酒ゑん《（宴）》の座せきを程よくにぎはし、しぜんと配順よくし、人々の心を若やかし、誠に春のあしたに、梅花のかほりにくれをしむにひとし。長生不老とやいはん、御手がら〳〵」

しかし、これは酒一般の効用というべきで、「この花」の味までは到底わからない。

幕末になると京都を訪れる人はいっそう増えたが、彼等の買い物の便利のため出版された『商人買物独《ひとり》案内』（一八三二）には、いろは順に商品の広告が掲載されている。酒屋は以下の通りである。

北野経王堂前　津国屋　「この花」
新町三条上ル　堺屋　「八百万代《やおよろず》」
室町松原下ル　壺屋　「室乃井」「竹の林」
油小路綾小路　玉屋　「八千代」［この店では味醂、焼酎、南蛮酒の卸《おろし》も行っている」
宮川町二丁目　一文字屋　「三津和」
油小路五条下ル　鍵屋　「不老酒」
二条堀川東入　万屋　「千世鶴」「亀乃泉」
室町四条下ル　紀伊国屋　「五十鈴川」
御幸町六角下ル　万屋　「菊寿」
東中筋花屋町下ル　麴屋　「千代のまつ」

このほかに幕末の京都案内記『花洛羽津根《からくはつね》』（一八六三）、買い物案内書『都商職街《みやこしょうしょくまち》風聞《ふうぶん》』(一八六四)なども参照したが、結局元禄年間の『高木家文書』の頃から幕末の文久年間まで残っていた有名な酒は、烏丸《からすま》御池上ル万屋の「亀の井」、油小路五条下ル鍵屋の「不老酒」、新町一条上ル重衡の「細石」と「舞鶴」、北野経王堂前津国屋の「この花」、河原町四条下ル鍵屋の「さざれ石」、鴨川東岸では江戸でも知られた建仁寺四条下ル壺屋の「滝の水」(『高木家文書』では「滝の糸」)、七条大仏近く八文字屋の「音羽」などである。

六条寺内町の酒屋

酒銘から京都の酒屋の商売上手が見えてきたところで、個々の酒屋がどのくらいの量の酒をつくっていたのか知る手がかりはないだろうか。前述の通り資料が少ないが、江戸時代後期の市中酒屋の規模を、東西両本願寺にはさまれた門前町六条寺内町《じないまち》を取り上げ、検討してみる。

本願寺門主顕如《けんにょ》が、秀吉の命により大坂天満《てんま》から京都六条の地に移ったのは、天正一九年(一五九一)のことで、秀吉寄進の九万坪余りの土地に伽藍《がらん》を建立した。ここに、京都をとりまく大土塁御土居《おどい》、寺町の移転と並ぶ近世京都の都市改造事業の一つが実現し、大坂天満寺内町以来の住民も移住してきた。その後の慶長大地震による被害からも立ち直り、本願寺の寺内町は発展を続ける。

やがて本願寺は現在のように東西に分けられたが、正徳五年(一七一五)の京都町奉行所による調査報告書『京都御役所向大概覚書』によれば、六条寺内町は、東は新町通から西は西本願寺を越えた大宮通あたりまで、北は六条通から南は七条通あたりまでの面積一万六九三〇坪、六一町で家数一二〇〇軒、人口九九九三人となっている。

寛永年間の寺内町のありさまについては、寛永八年(一六三一)に作成された『御境内《おんけいだい》総絵図《そうえず》』(天保五年写)によってうかがい知ることができる。この絵図は、京都町奉行による寺内町支配のため実地測量して作製されたと思われ、道路幅、各戸の間口、職業、所帯主名がすべて記入されている。この時代もう空地はほとんどなく、ぎっしりと家が建て込んでいる。主な川は堀川と西洞院《にしのとういん》川で、堀川の流れは西本願寺の北側で二手に分かれ、東は門のそばを通って七条通を越えている。西本願寺の西側、大宮通あたりにも多くの人家があるが、島原から西は一面の田圃となっている。

各戸の職業を見ると、この一帯は門前町らしく仏具屋、抹香屋、ろうそく屋などの職種が多いが、そのほかに金属加工業、染色に関係した藍玉《あいだま》屋、紺屋《こうや》、青物屋、米屋、また醸造業では酒屋、酢屋、麴屋が多い(**図2**)。現在訪れると、造り酒屋や紺屋こそもうないが、狭い路地の両側には仏具屋、表具師、菓子屋、食堂などが並び、いかにも京都の下町らしい雰囲気がある。

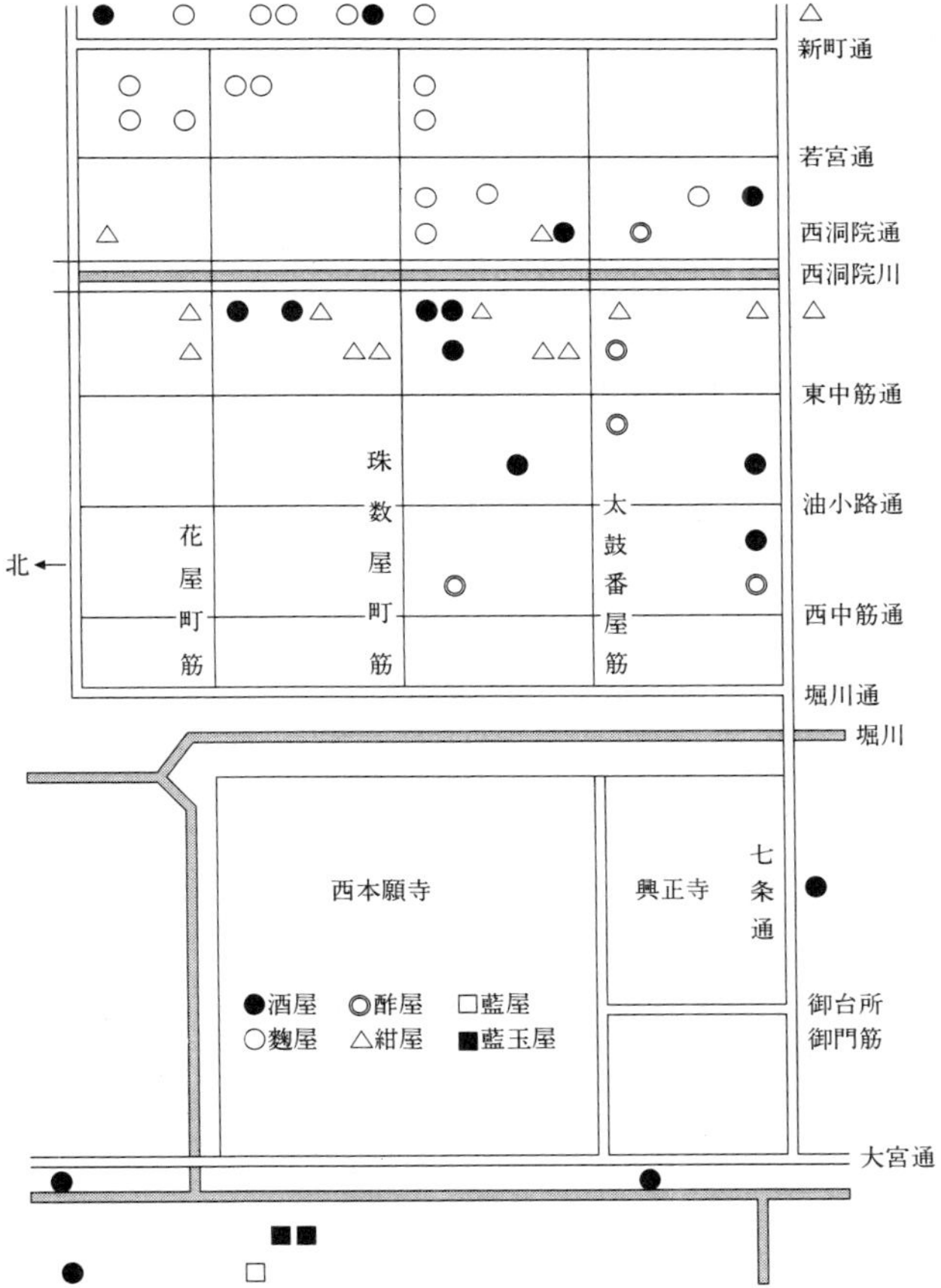

図2　寛永8年 本願寺寺内町絵図による酒屋等の分布

一八世紀はじめに、オランダ商館長の江戸参府旅行に同行して京都を訪れたドイツ人医師ケンペルは、京都を日本における手工業の中心都市であり、その製品は日本中で高く評価されていると述べているが、この頃が手工業都市京都の最盛期だった。

さて酒をつくる造《つく》り酒屋《ざかや》、販売する請酒屋《うけざかや》の区別はつかないが、この狭い地域に酒屋が一六軒、酒、味噌、酢など醸造業には欠かせない麴をつくる麴屋が一六軒もある。麴屋は中世には酒屋とは別の職業で、麴の製造、販売を独占し、酒屋も麴屋から麴を購入せねばならなかった。しかし、やがて酒屋も麴づくりを行うようになり、麴の製造、販売をめぐって酒屋と、麴屋の同業者組合ともいうべき麴座とのトラブルが起きた。両者の対立の結果、麴を独占し続けようとする北野神社の神人《じにん》が神社に立てこもり、ついに室町幕府が兵をさしむけて死者まで出た、いわゆる「文安の麴騒動」(一四四四)以後、京都における麴座は崩れたようだ。

この絵図によると、酒屋の多い西洞院通から二筋東側、新町珠数屋町筋から花屋町筋を中心にして麴屋が分布している。前述の『高木家文書』は、絵図より約五〇年前に成立したが、その中に「麴屋〇〇」の屋号を持つ酒屋が市内に六軒でてくる。そのうち三軒はこの地域に集中している。逆に、このあたりにもともと麴屋の集団というのがあって、その中から酒造業に進出したものがあったのかも知れない。

酢屋も五軒あるが、酒屋の隣に酢屋があったのでは、酢づくりに使う酢酸菌が入って酒が酢に変質してしまうので迷惑である。酢屋は少し南、東中筋太鼓番屋筋あたりに集中している。

江戸時代初期の六条寺内町の状況は以上の通りだが、これらの酒屋、麴屋はその後どうなったろうか。一九九四年秋、本願寺史料研究所の左右田昌幸氏に西本願寺文書中に六条寺内町の酒屋に関する資料があることを御教示いただき、翻刻していただくことができた。

この資料は天明八年(一七八八)と文化三年(一八〇六)に作成されたもので、六条寺内町の造り酒屋の屋号、酒造人名、酒造株高、酒造米高を、京都町奉行所を通じ幕府の勘定所伺方酒造掛に報告した書類の写しである。

酒づくりは許可制で、酒造株高は、酒造人が持つ酒造株の鑑札に記載されている米の量を示し、これが生産量の上限を示す。また酒造米高とは、実際に酒造で消費される米の量を示すが、先の酒造株高よりも多くなるのがふつうである。

私が探し求めていたものがやっと出てきた思いで大変嬉しかった。京都の一地域とはいえ、これで少しは酒造の規模を把握できる。

天明八年に酒屋の世話役松屋甚兵衛が報告したところによれば、六条寺内町には一一軒の酒屋があって、酒造株高合計二七六〇石、酒造米高は合計三七二五・六石となっている。最大の酒屋は五〇四石、最小が七五・七石で、人口一万人程度の町としては、ま

表1　六条寺内町酒屋の変遷

	所在地	高木家文書 屋号・酒造人・酒銘	天明八年史料 屋号・酒造人	文化元年史料 屋号・酒造人	天明八年 酒造株高(石)	天明八年 酒造米高(石)
一	新町通花屋町下ル町	麹屋甚四郎 「若松」	麹屋甚四郎	多和田屋太兵衛	一二五	四九〇
二	丹波口大宮西入町	—	大津屋伊兵衛	綿屋藤兵衛	三三〇	五〇四
三	七条通油小路東入町	—	小堀屋吉郎兵衛	同上	六四	三九二
四	東中筋花屋町下ル町	麹屋長兵衛 「月影」「千代松」	麹屋利兵衛	同上	三三〇	四九〇
五	七条通大宮東入町	—	江戸屋与三兵衛	江戸屋与兵衛	三四〇	三六八
六	七条通大宮東入町	—	八文字屋さよ①	吉文字屋喜太郎	一八五	一四〇
七	大宮通七条下ル町	—	渡海屋源右衛門②	万屋清八郎	一二六	一一六・四
八	油小路花屋町上ル町	—	藤屋平左衛門	—	二四〇	七五・七
九	花屋町西洞院東入町	—	松屋さゑ③	丹波屋太郎右衛門	二四五	三一五
一〇	七条通油小路東入町	麹屋甚三郎 「老松」「小夜波」	麹屋甚助	同上	五五	四一四・五
一一	花屋町西洞院東入町	松屋甚兵衛 「亀乃尾」「う加屋」	松屋甚兵衛	松屋甚太郎	七二〇	四二〇
合計					二、七六〇	三、七二五・六

表2 天明八年の休株

	所在地	高木家文書 屋号・酒造人・酒銘	天明八年史料 屋号・酒造人
一	七条通新町西入町	―	銭屋吉兵衛
二	北小路新町西入町	―	万屋与兵衛
三	新町通御前通下ル町	―	墨屋源兵衛
四	丹波口大宮西入町	―	坂田屋庄三郎
五	花屋町油小路西入町	―	藤屋太兵衛
六	七条通大宮東入町	―	八文字屋武助
七	醒井通魚店下ル町	―	鎊屋治左衛門
八	西中筋御前通下ル町	―	壺屋善六
九	西中筋北小路上ル町	―	手島屋平兵衛
一〇	七条通新町西入町	―	松屋ぎん
一一	丹波口大宮西入町	大津屋伊兵衛「山乃井」	大津屋伊三郎
一二	七条通西洞院西入町	小堀屋吉兵衛「道乃へ」	小堀屋久米
一三	七条通油小路西入町	―	和泉屋いよ
一四	東中筋御前通リ下ル町	―	平野屋半兵衛
一五	七条通大宮東入町	茨木屋七兵衛「山川」	茨木屋嘉十郎

(**表1** 注記)

- 天明8年と文化元年の史料をもとに作成した．所在地は天明8年の史料による．
- 天明8年から文化元年にかけて酒造株の移動がある．すなわち，
  - ①八文字屋さよの酒造株は，同町松屋甚太郎が借り，文化元年には，吉文字屋喜太郎の所有となっている．
  - ②渡海屋源右衛門の酒造株は，同町堅田屋与兵衛が借り，文化元年には万屋清八郎の所有となっている．
  - ③松屋さゑの酒造株は，西九条村南小路松屋宗兵衛が借り，文化元年には丹波屋太郎右衛門の所有となっている．

(**表2** 注記)

- 天明8年の史料をもとに作成．

ずまずの規模であろう。（表1）。別に休株《やすみかぶ》と称し、休業している酒屋が一五軒あった（表2）。この休株の酒造株高は合計二六九五石もあり、中には「山川」の白酒で有名だった七条大宮東入ル、茨木屋など、『高木家文書』の時代から続いている酒屋が三軒見出せる。また麴屋甚四郎（『高木家文書』の酒銘は「若松」）、麴屋長兵衛（同「月影」「千代松」）、麴屋甚三郎（同「老松」「小夜波」）、松屋甚兵衛（同「亀乃尾」「う加屋」）は営業しているが、これらの「麴屋」は、酒造人たちの名前からして恐らく一族であろう。三軒の「麴屋」と松屋は、『高木家文書』から百数十年後のこの時代まで同じ場所で営業を続けていた。

また貸株《かしかぶ》と称し、後継者がいなかったり経営難に陥った場合、他人に酒造株を貸すことがあったが、貸株も三軒にのぼる。休業している一五軒の休株の酒屋は、次の文化三年の報告ではすべて姿を消しており、三軒の貸株も所有者が変わっている。

京都市中には、酒造米高が一〇石未満の小酒屋も多かった。六条寺内町は門前町ということもあってか比較的大きな酒屋が多かったが、天明の大凶作、大火、厳しい酒造統制の時代を経て、中世以来小酒屋が共存してきた京都酒造業の状況も、時代の変化の波の前に少しずつ崩れていったようだ。

他所酒の脅威——大津酒と伊丹酒

京都市中には、たとえば「上京何組」といったふうに番号をつけて呼ばれる町組《ちょうぐみ》という中世以来の町衆自治組織があった。造り酒屋や醬油屋は、それぞれこの町組を基盤とする販売区域を協定によって定めており、これ以外に他国から市中に入る酒を「抜け酒」あるいは「他所酒《よそざけ》」と称した。安い抜け酒の販売差し止め願いが、造り酒屋からたびたび奉行所に提出されている。

醬油や西陣織など他の伝統産業についてもいえることだが、京都の酒造業が衰退した原因は、一八世紀に入って、郊外や他国新興生産地の安く優秀な製品が京都に流入してきて、中世以来の小規模な町酒屋がその競争に敗れたことである。

酒の小売りだけをする請酒屋《うけざかや》の一部が元禄年間以降、京都郊外産の安い酒を販売しはじめたことが問題の発端で、地元の酒が次第に圧迫されていった。

『京都町触集成《まちぶれ》』には、寒づくりの禁止、酒造株高の調査、運上金などに関する幕府の触れ(江戸触れ)のほか、京都町奉行所が市中の町々に出した町触れが数多く収められている。

早くも元禄一一年(一六九八)四月に、

「洛中洛外に他所酒が多く入り込み、難儀している旨、酒屋たちから訴えがあった。他所酒を買った者は、たとえ自分が飲む酒であっても奉行所に持参せよ。酒の出所を調査の上沙汰申し付ける。もし隠れて買う者があれば処罰する」

との触れが出されている。正直な町人が酒を持参したか、酒の出所がわかるかどうか、効果の程ははなはだ疑問だが、続いて同一四年(一七〇一)二月の触れ。

「このところ他所から酒が多く当地に入り込み、不届きである」

同年六月、さらにトーンが高まる。

「前々から度々注意しているのに今もって止まないのは不届きである。今後抜け酒の売買をするものがあれば召し捕らえ、取り調べの上、処罰する」

造り酒屋の訴えを取り上げたものの、町奉行所も思うように取り締まりの効果を上げられなかった。以後しばらく他所酒に関する触れは見当たらない。

ところで他所酒とはどこの酒だったのか。主に京都の東隣、大津酒といわれる。ずっと後の宝暦一〇年(一七六〇)の触れでは、はっきり大津酒の名を出している。

「昨年秋以来、大津表よりはじめて古酒が当地に入荷し、関係する店で販売したが、当年になって大量に入荷し、追々新酒も引き続き入荷する様子である。そうなれば、当地の造り酒屋一七組の者達は生業を失い、困窮する旨訴え出があった。これまでは他国から当地に入荷する酒は決してなかったのに、去年秋以来当地で買う者があるからおのずと他国から入荷するようになったのである。今後は他国から入り込む酒は決して買わないように」

造り酒屋の訴えにももっともな点がある。かつては江戸へも出荷していた京都醤油は、一八世紀に入り、備前醤油、さらには紀州湯浅醤油の進出に悩まされ、次第に衰退していったからである。

京都では明和九年(一七七二)、天明三年(一七八三)、文政九年(一八二六)にも同様の他所酒禁止の触れが出されたが効果はなく、酒づくりの規制が緩和される文化文政期になると、他所酒を買い取って売る者のほか、酒造株を所持せず家内用と称してつくった自家製酒を売る者まで現れ、取り締まり側は対策に追われた。

しょせん酒は嗜好品だから、安くて好みに合えばどこの酒でも客は買うだろう。他国の酒は入れない、飲ませないなどは今の感覚からするとおかしいが、たとえ他所酒が完全に販売禁止になったとしても、市場の独占が保障されていると、酒屋の品質向上意欲は高まることはないだろう。実際、江戸時代以降は京都酒の評判は今一つだった。量より質で勝負するという手もあったろうが、幕末になると保守的な京都人すら品質の優れた他国の酒、特に伊丹酒を歓迎するようになる。

先の大津酒に次いで一九世紀に京都の酒屋の脅威となったのが伊丹酒だった。京都では、江戸時代、市中の酒は伊丹酒に押されて苦しかったという話が今でも語り継がれているが、伊丹酒の京都進出のきっかけはどのようなものだったのだろう。

戦国時代荒木村重《あらきむらしげ》の城下町だった摂津の伊丹は、一七世紀はじめから酒を江戸へ出荷していた。また有名な鴻池《こうのいけ》は現在の伊丹市街からは少し離れた別の場所で、鴻池新右衛

さまざまな伊丹酒の商標．手前に「剣菱」が見える(伊丹，小西酒造)

門が清酒の江戸送りをはじめたのは慶長四年(一五九九)と伝えられている。鴻池をはじめ、池田、伊丹などが近世初期の江戸向け酒生産地だった。

さて寛文六年(一六六六)に伊丹村など一一カ村が公家の近衛《このえ》家領となるのが京都とのつながりのはじまりだった。同年伊丹の酒造株高は三六軒の酒屋で七万九七六一石にも達し、一軒の平均が二二一五石、なかには油屋のように一万石を越す大酒屋もあった。領主近衛家が積極的に酒造業を保護育成したこと、伊丹は猪名《いな》川筋にあって大坂から江戸への船による輸送にも都合がよく、人口一〇〇万人に達する大消費市場江戸への流通過程を掌握していたこともあって、地元販売より江戸への出

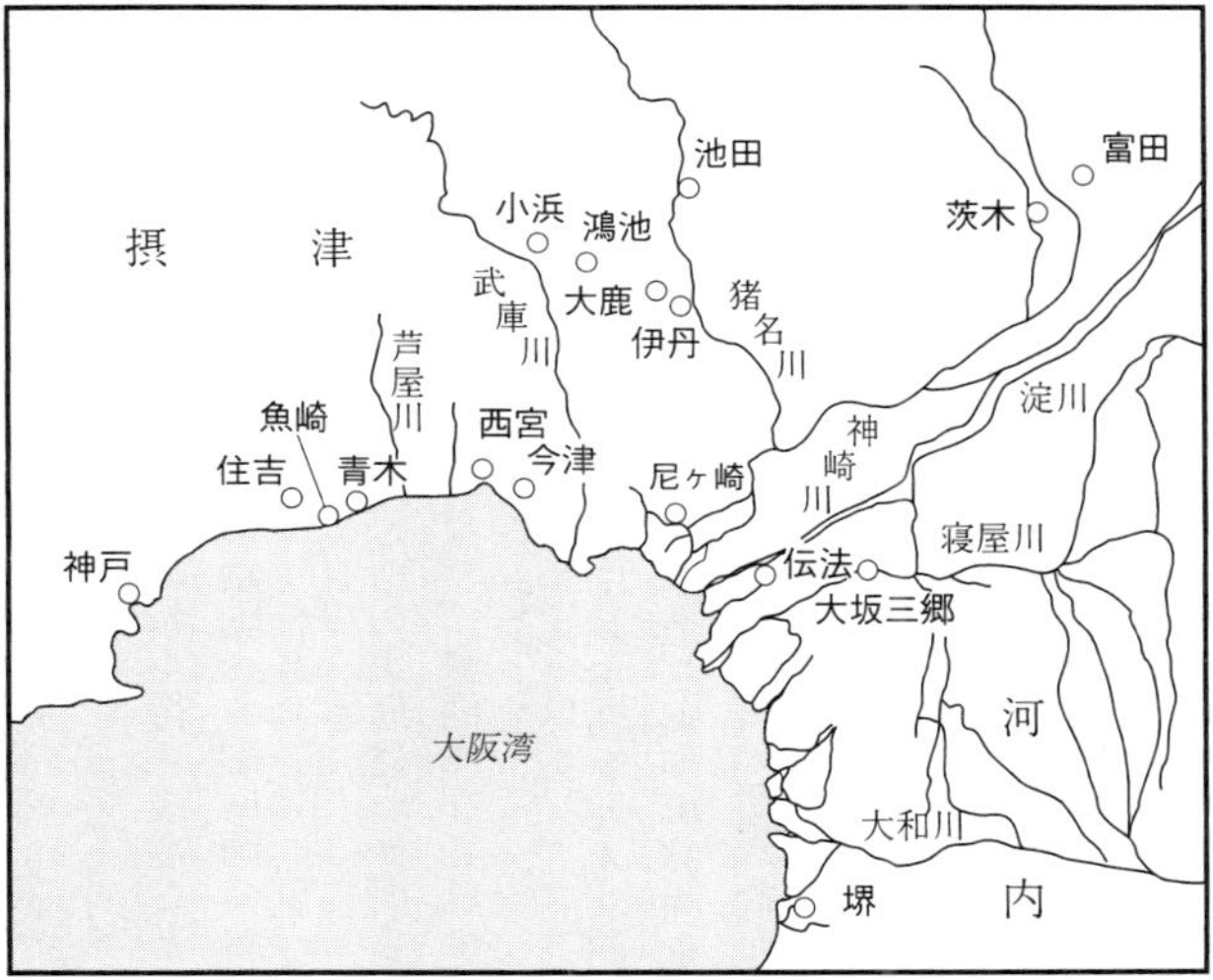

図3　近世関西の酒生産地

荷比率が高かった(**図3**)。元禄年間以後、米の不作とそれに伴う幕府の厳しい酒造統制の下、周辺の鴻池、大鹿、山田、小浜《こはま》などの生産地は没落し、姿を消していくが、伊丹酒は生き残り、優れた品質ゆえに将軍家の御膳酒にもなった。しかし一八世紀も半ばになると、新興生産地の灘、西宮酒に質、量ともに押され、江戸への出荷量は減り、次第に衰退していった。

さて、苦しい状況にあった一九世紀はじめの伊丹酒屋は、失地回復、新たな販路開拓のためさまざまな手を打った。その一つが文政七年(一八二四)、伊丹近くの北小路村大鹿屋吉兵衛の願い出により

認められた「大坂御用酒積替所」である。設置の趣旨は、

「伊丹酒は諸国に並ぶもののない品質であるが、それゆえ従来はもっぱら江戸への出荷だけで済ませ、世間にあまねく行き渡ることがなかったのは残念なことである。京都はもちろん、大坂ならびに諸国へも御用酒のお裾分けを希望する者には、その時の相場で代金引きかえとすれば、伊丹酒の名声も高まろう、云々」

というもので、つまり積替所の実態は販売所らしい。御用酒のお裾分けという名目で、市場がすでに飽和状態となり、灘酒に押されつつあった江戸以外に新市場を開拓しようとしたわけである。文化文政期は、長く続いた統制時代から一転し、文化三年(一八〇六)「勝手造り令」以来自由競争期を迎え、酒は生産過剰気味だったのである。

もう一つ、凶作によって酒造制限が再び強化された天保六年(一八三五)以後、近衛家への年貢酒の名目で年間三七五〇樽の伊丹酒を京都に向けて出荷することが許された。海に面した灘にくらべ不利な伊丹の立地条件克服と、あわせて収入増をねらって近衛家が考えついたものらしい。有力公家の近衛家が伊丹の領主だから、その威光で特別に許されたことである。さて樽は四斗樽で、ふつう三斗五升の酒が入るから、三七五〇樽で、酒は一三一二石五斗、当時の京都市民を三〇万人として一人当たり四合余りにすぎない。しかし近衛家陽明文庫に残る資料などをもとに調査された柚木学氏によれば、実際にはこれよりもはるかに多く、天保一四年(一八四三)には八九一五樽にも達している。

年貢酒の納入は伊丹の各酒屋に割り当てられ、「剣菱《けんびし》」「男山《おとこやま》」「老松《おいまつ》」「泉川《いずみかわ》」「白雪《しらゆき》」などの有名銘柄も二、三〇〇樽ずつ含まれている。この八九一五樽から直接近衛殿に持ち込む分が七七九樽、先の大坂御用酒積替所での販売分が一〇四〇樽、ほかに隣の四日市や江州で販売する分などを差し引いて、結局四五一七樽が京都市中で請酒屋が販売する分となった。

伊丹酒は京都ではどのように受け入れられたろうか。伊丹酒の名声は広く知れ渡っていたから、早速市中の造り酒屋二三〇人が販売不許可を求めてきたが、種々やりとりの結果、請酒屋による販売が認められた。江戸では灘酒が伊丹酒を圧迫し、京都では伊丹酒が市中酒を圧迫する構図となったわけだ。

伊丹酒の京都進出をめぐって、さまざまなトラブルが生じた。たとえば、もっぱら江戸向けの伊丹酒は、米不足の年に生産量が減らされると近衛家の年貢酒に廻す分がなくなってしまい、その不足分を灘、南山城、江州などから購入した酒で代納することがあった。また、次のような偽伊丹酒の話もある。文久三年(一八六三)のことである。

昔の酒は酒樽に焼き印で商標を押し、さらに菰《こも》包みにし、縄で縛ってから出荷したが、伊丹酒もこのようにして京都へ運ばれた。一方、摂津富田《とんだ》の清水市郎右衛門のつくる酒は、酒銘の焼き印を押さず、菰包みにしない裸樽で販売することになっていた。清水の酒造株は伊丹から灘へ貸し出されていたもので、この酒は酒銘をつけられない事情があったらしいが、京都の一部請酒屋は、手元にある伊丹酒の古い菰、新しい菰でこの富田酒を包み、酒銘つき伊丹酒としたり、もっとひどいのは、品質の劣る京都酒を伊丹酒に仕立てることすらあった。いくら素人でも、伊丹酒と京都酒の区別ぐらいはできるだろう。もちろんこうした偽物販売禁止の通達が出されていたが、守られなかったようだ。あるいは「諸家御膳酒」、「御用酒」などと、将軍家「御膳酒」とまぎらわしい名で販売する者もいた。伊丹の酒屋からの抗議もあってか町触れに曰く、

「このような行為は伊丹酒の品格を落とし、年貢酒の販売(年貢として物納された酒を近衛家が酒屋に卸す)にも差し支えるから厳禁する。菰包みの酒はすぐ裸樽にせよ」

いつの時代にも金もうけのためには何でもするあくどい商売人はいるのである。京都で販売している伊丹酒は江戸で飲む伊丹酒よりも味が落ちる、といわれた裏にはこうした偽物販売があったらしい。

伊丹年貢酒の販売は明治に入ってからは中止となり、近衛家にあった酒販売所の建物と土蔵は、明治三年に河原町二条の商人小西家伊兵衛が借用している。

酒の味

「昔の酒はどんな味だったのですか」と質問されることがある。昔の酒の味を探究す

るのは、ロマンがあって多くの人の興味を引くようだ。建築物や工芸品と違って、昔の酒がそのままの味を保ち続けて残っていることはまずないから、文献の記述をもとに復元してみるほかない。平安時代の『延喜式《えんぎしき》』(九二七)の酒や元禄年間の酒が復元、販売された例があり、元禄酒は私も試みてみたが、味醂のようにこってりと甘くて閉口した。日本酒づくりで、「甘味の食い切りが悪い」という表現があるが、こうした酒は、アルコール濃度は高いのに糖分が多くて酸味は少なく、次第に口の中がくどくなってたくさん飲めば悪酔いするし、これに合う肴を探すのも難しい。時代とともに人の嗜好も変化するから、昔風の酒を今飲んでもそうおいしいとは感じないだろう。

昔から京都酒は、伊丹、灘の辛口男酒に対し甘口の女酒として知られていたが、甘いことは元禄年間から評判がよくなかった。たとえば食に関する百科事典、人見必大《ひとみひつだい》の『本朝食鑑』(一六九七)は、京都の酒を、

「造酒が甘きに失して佳《よ》くないのは和・摂(大和・摂津)にはなはだ近いという条件に頼って修造に力を尽くさぬ故であろうか」

と評している。この文章の意味はわかりにくいが、有名産地の和摂に近いから、どうせかなわないといいかげんに甘い酒をつくっていたのか、とにかく京都の酒屋の努力不足が批判されている。

一方、『万金産業袋《ばんきんすぎわいぶくろ》』(一七三二)は摂津の酒の味について、

「伊丹、池田の酒はつくり上げた時は酒の気が甚《はなは》だ辛く、鼻をはじき何やら苦味があるようだが、海路江戸に下ると池田の満願寺屋の酒は甘く、稲寺屋の酒は気あり、鴻池の酒こそ甘からず辛からずよい」

と評している。稲寺屋は伊丹の酒屋で、「酒の気が甚だ辛い」とは、鼻にツンと刺激があり、アルコールの辛味を感じる状態だろうか。伊丹酒は醪《もろみ》を搾る前に酒質強化の目的で焼酎を加えた。一方池田酒の方は当時からやや甘口だったらしい。池田の満願寺屋も有名な酒屋だったが、現在では池田の酒屋は「呉春《ごしゅん》」のみで、鴻池には一軒も残っていない。

京都に住んだ頼山陽《らいさんよう》(一七八〇―一八三二)が地元酒よりも辛口の伊丹酒を愛し、伊丹酒と琵琶湖の魚が手に入る場所であれば仕官してもよいといった話はあまりにも有名だが、山陽は伊丹酒でも坂上氏の「剣菱」をいたく好んだ。

「戯《たわむれ》に摂州の歌を作る」にはじまる詩を詠んだが、ここで「剣稜」の名が挙げられている。この詩がきっかけで「剣菱」の主人と交際がはじまり、好きな酒もたっぷり飲ませてもらうことができたのだから、いうことはない。彼の師である菅茶山《かんちゃざん》は備後《びんご》神辺《かんなべ》に住み、穏やかな田園風景を詠んだ漢詩が多く、私は頼山陽よりも菅茶山を好ましく思う。茶山は、山陽は自分にしきりに伊丹酒を贈ってくれるが、「其の酒の勁烈《けいれつ》なるは其の詩の如し」と評した。私自身、あまりに才気あふれ、するどく、激しいよりは、穏やかな酒がよいが、山陽はこうした味を好んだようだ。

「剣菱」は江戸っ子の間で人気が高かった。江戸の川柳に、

すき腹へ剣菱えぐるやうにきき

というのがある。「剣菱」は経営者が変わって、今では灘の酒だが、剣と菱を示す◆の商標は引き継がれている。男性的辛口酒の「剣菱」しか飲まぬという熱烈なファンが今もいる。

さて京都酒に話を戻すと、元治元年(一八六四)に江戸の武士石川明徳《あきのり》が著した『京都土産』は、関東人による東西比較の書であるが京都に対しては点が辛い。京都人が江戸っ子よりも好色であるかどうか、同書の遊里の事情などはさておき、食と酒の部分に当たってみよう。彼は京都のよい点として「飲物の節倹」「茶菓之美味」「河魚之珍味」を挙げているが、習慣、好みの違いもあってか、悪口もたっぷり書かれている。彼によると京都の発酵食品はすべて落第である。同書に曰く、

「醤油は多く地元製で、色薄く、味悪く、備前ならびに播州竜野より出るものをよしとするが、なかなか関東の下等の品にも及ばない。それゆえ調理店で鮮魚、新しいおかずなどをつくると味がよくないのは、調理が下手なだけではない。醤油が悪いためであろう。

酢は皆地元製で、酸味はあるが、この味は甘美ではない。

味醂は地元製もあるがよくない。伊丹産を上質としている。品質は悪くはないが、その味が淡く薄く、流山《ながれやま》(千葉県流山市)の古味醂に比べるとはるかに劣る。

酒。洛中は古来地元産の酒だけで、伊丹、池田の酒を入れることを禁じたので、洛中では皆その味を知ることができなかったが、伊丹はもともと近衛殿の御領地で、どのようにして周旋されたのか、この二〇年来市中に入る事を得たのである。二〇年以上前には伊丹の名はあっても、市中では本当の伊丹酒を販売する者はなかったのに、近年は近衛殿から一年に酒一〇〇〇石と決めて洛中の酒屋達に分割して払い下げられることになった。それ以上は近衛殿の御屋敷に参ればいくらでも払い下げてもらえるので、最近ではどこでも伊丹酒の招牌《かんばん》を出している。この味は地元の酒とは段違いである。しかし、市中の売り物はどういうわけか江戸の伊丹酒にははるかに及ばない。また南蛮酒というものがある。焼酎に味醂を加えた江戸の本直し[注・焼酎と味醂を等量まぜた酒]のようなものである。味はよくない」

味については多分に好みもあるだろう。京都では酒と同様、他国産の醬油を締め出していたが、この頃江戸では関東風の濃口醬油が淡口下り醬油を圧倒しており、京都醬油などは問題外だろう。味醂も本場は関東の流山である。

洛中で伊丹酒が販売されることになった事情は前述の通りであるが、京都向け伊丹酒は品質の劣る二級品か、偽物だった可能性がある。それにしても京都酒に至っては、さらに低い評価しか与えられていないのが残念だ。ロマンチックな名前の南蛮酒といっても中身は粗悪な代物だった。

この時代には、あらゆる点で江戸の方がよいと、京都を訪れる江戸っ子は思いはじめたようである。最後に蜀山人《しょくさんじん》こと大田南畝《おおたなんぽ》が京都で詠んだ『京風いろは短歌稿』なるものを紹介して結びとしよう。

㋑いまぞしる《（知）》、花の都の人心
㋺ろくなるものは更になし

からはじまって、

㋜すめば都と申せども
　京にはあき《（飽）》はて候かしく

まで、生え抜きの江戸っ子蜀山人が小便くさい京都の旅館で戯れに書いたものであるが、かつての花の都、いや今や花の田舎と化した京都の実態を散々に笑いのめした、まことに痛快な批評で、さすがは蜀山人、なるほどと思わず笑ってしまう。蜀山人、どうやら憧れの京都で散々な目に遭わされて、恨みがあったようだ。最初のうちこそ愛想がよいが、金の切れ目が縁の切れ目の遊廓の薄情さ、裏表を実に見事に使い分ける京都人のしたたかさ、洗練されているかと思えば意外に不潔な町、江戸っ子には信じられない女の立小便という悪習、塩鯖《しおさば》ばかりのケチでまずい食事などがやり玉にあげられている。まったく京都なんて見ると聞くとでは大違いで、いたく幻滅したようだ。京都は、外から観光で訪れる程度が一番よさそうな町に思える。

第二章　酒づくりの技術——職人技の極致

酒のつくり方

日本酒づくりに関する用語は現在でも特殊なものが使われていて、はじめての方は当惑されることが多いようだ。本章ではまず、日本酒づくりの概要をできるだけやさしく解説し、次いで江戸時代の酒造技術書、東北地方への酒造技術の伝播、果実酒などに話を進めていくことにしよう。

酒類には大別して日本酒、紹興酒《しょうこうしゅ》、ワインなど醸造酒と、ウイスキー、ブランデー、焼酎など蒸留酒とがある。醸造酒は原料によってさらに穀物酒と果実酒に分けられる。

さて米や麦など穀物から酒をつくろうとする場合、ブドウなど果実を使う場合と違って、原料中のでんぷんを糖化する操作がまず必要になる。糖質でなければ酵母はアルコール発酵ができない。そこで、でんぷん分解酵素に富む麴《こうじ》か麦芽が使われるが、それぞれお国柄があって、湿潤なアジアのモンスーン地帯では麴が、比較的乾燥したインド以西、ヨーロッパまでは麦芽、つまり大麦もやしが使われる。麴と麦芽の起源、発展についてはいまだにさまざまな議論がある。

麴、つまり穀粒、あるいは穀物粉を練り固めたものの表面にカビを生やしたものを使用して糖化するのが東アジアの醸造酒の特徴だが、同じ麴でも日本ではばら麴、あるいは撒麴《さんきく》と呼ばれる、米粒にコウジカビを生やすタイプである。一方中国の麴は、小麦粉を練ってレンガ状に成型したものにクモノスカビという、名前通り蜘蛛の巣のようなもわっとしたカビを生やした餅麴《へいきく》と呼ばれるものが多い。

昔から日本酒業界で「一麴《こうじ》、二酛《もと》、三造《つく》り」といわれてきたように、麴づくりは製造工程の中でもとりわけ重要である。蒸した米を指でひねって蒸し具合をたしかめ、コウジカビの生育は、「白花」「黄花」など胞子の着成状態を色合いで判断した。

糖質に富むばかりでなく、ブドウの果皮には野生の酵母(アルコール発酵を行う単細胞の菌)が付着しているから、ワインづくりにあたって改めて酵母を培養する必要はない。ところが、日本酒づくりでは、アルコール発酵を行う酵母をあらかじめ培養しておかねばならない。酛というのは文字通り酒の元になるもので、「酛づくり」とは酵母を純粋に近い状態で大量培養することである。

次にでき上がった酛に蒸米《むしまい》、麴、水を数回に分けて加えて醪《もろみ》をつくっていくが、数回に分けるのは、一度に加えると酛の酵母、酸が薄められてしまい、酵母の増殖が追いつかなくなるからである。

醪の中ではコウジカビによる米の溶解、でんぷん糖化と、酵母によるアルコール発酵が同時に進行する。これを日本酒の「並行複発酵」と呼ぶが、この発酵によって日本酒は一八パーセントと、ワインの一一―一二パーセント、ビールの約五パーセントに比べ、醸造酒の中でもとりわけ高アルコール濃度の酒になるのである。

日本酒づくりの工程、所要日数は**図4・5**に示す通りで、江戸時代初期には、ほぼ完成されたものになっており、現在に至るまで基本的に大きな変化はない。順に解説すると、

①**精米**　精米は玄米の米糠《ぬか》中の脂肪、タンパク質を取り除くのが目的で、ふつう精米歩《ぶ》合《あい》(容積比で精米歩合＝精白米÷玄米)が低い米、玄米をよく搗《つ》き減らしたでんぷんの多い心白米《しんぱくまい》ほど酒づくりに適しているとされる。精米は臼《うす》と杵《きね》から唐臼《からうす》と呼ばれる足踏み式精米になったが、やがて関西の灘地方を中心に、より効率の高い水車精米になった。

②**洗米、浸漬**　まず精白米の夾雑物《きょうざつぶつ》を取り除き、洗い、浸漬して適量の水を吸収させ、蒸しやすくする。何日も浸漬すると米の形が崩れ、逆に短すぎると米が硬く、よくない。途中で数回水を替え、最後に水を切る。

この間に桶を洗って準備をしておく。大釜で沸かした熱湯を桶に入れ、蓋をして湯気

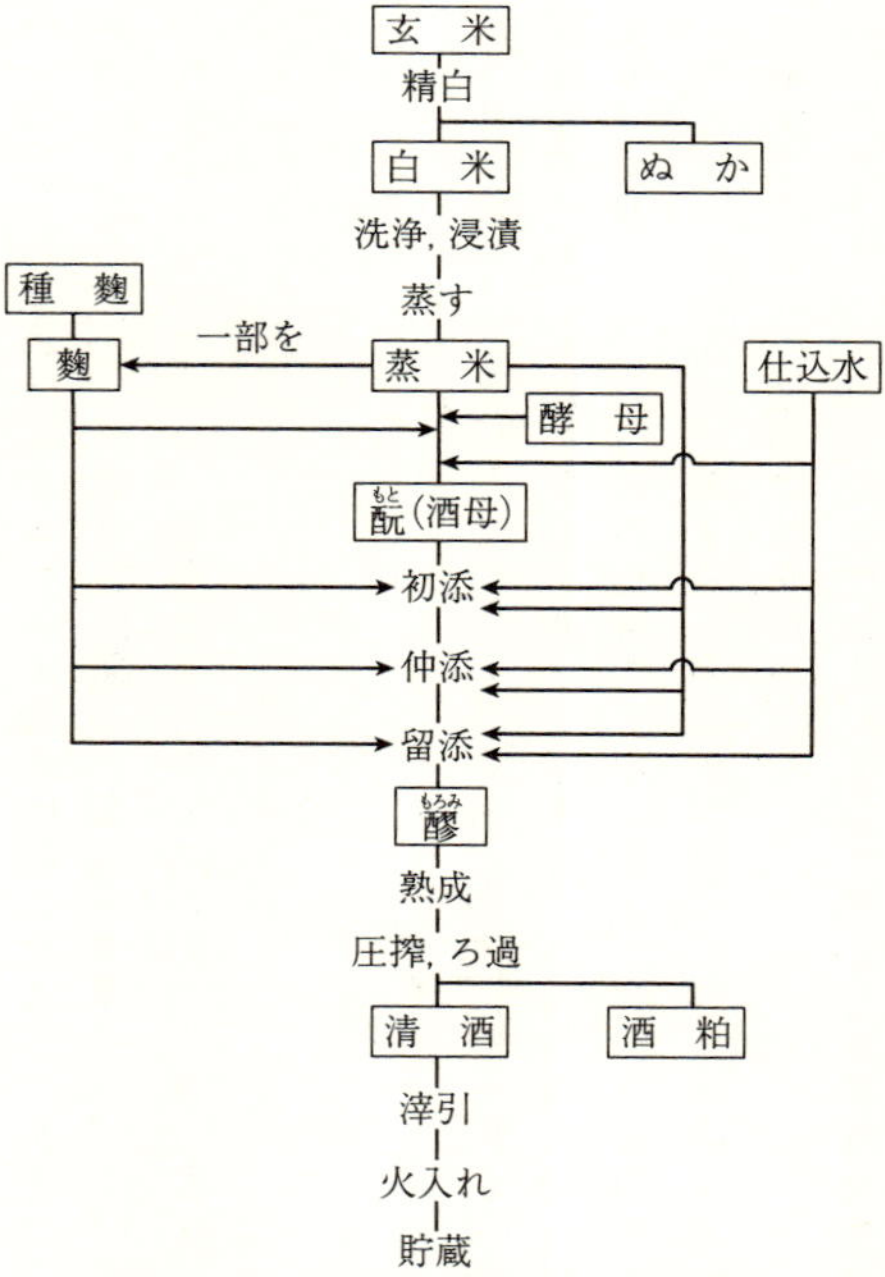

図 4　江戸時代以後の日本酒製造工程

をこもらせる。続いて熱湯をかけつつ、ササラという道具でしごき、日光に当てて乾燥、消毒する。微生物を扱う酒づくりでは清潔な環境が何よりも大事である。

③蒸し　蒸した米を蒸米《むしまい》あるいは蒸米《じょうまい》と呼ぶ。水切りした精白米を甑《こしき》と呼ばれる一種の蒸し器に入れ、湯を沸かした大釜にのせて蒸気で蒸す。この際、蒸気が均一に行き渡

るよう、甑の底には、その形からコマと呼ぶ木製の道具を置く。蒸し終えた米は、酒蔵内で莚《むしろ》の上に広げて冷ます。

④**麹づくり**　前述のように酛と並ぶ重要な工程であり、麹の良し悪しが酒のでき具合を大きく左右する。麹は麹室《こうじむろ》、あるいは単に室《むろ》と呼ばれる保温された小部屋でつくるが、

精米	1日
↓	
水汲み，桶洗い	
↓	
洗米，浸漬	3日
↓	
蒸し	1日
↓	
麹づくり	3日
↓	
酛づくり	約21日
↓	
醪づくり	1日目　初添 2日目　踊り 3日目　仲添 4日目　留添 留添以後，約20－30日で上槽を行う
↓	
上槽	3日程度
↓	
滓引	20－30日
↓	
火入れ	1カ月毎に2，3回行う

図5　酒づくりの所要日数

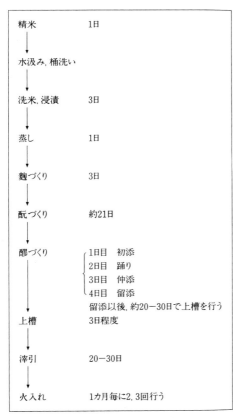

室の壁にはもみがらを断熱材として入れる。「もやし」、つまり種麹《たねこうじ》を冷ました蒸米に振りかけ、よく揉《も》んでコウジカビを生育させる。この作業を床《とこ》もみという。その後蒸米をもみほぐす切り返しを行い、升《ます》で一定量ずつはかり、平らな木の容器、麹蓋《こうじぶた》に盛って麹室の棚上に積み重ねる。ときどき麹蓋を移動させる積み替えをして、コウジカビを蒸米に増殖させる。でき上がった麹を麹室から出すことを出麹《でこうじ》という。

⑤**酛**　酒母《しゅぼ》ともいう。アルコール発酵を行う酵母を純粋に近い状態で大量培養するわけだが、使用する桶には蓋もなく、雑菌はいくらでも侵入可能なのに、どうしてそんなことができるのか。まず硝酸還元菌、次いで乳酸を生成する乳酸菌の順で生育させて、酸に強い酵母が生育しやすいような環境条件を整えてやると、雑菌はほとんど死滅し、酵母だけを選択して培養することができる。

酛づくりは、まずたらい状の浅い桶(直径七五センチくらい)「半切《はんぎり》」六―八枚に蒸米、麹、水を入れる。平たいかぶら櫂《がい》で蒸米をすりつぶす荒摺《あらず》りからはじまって、二番櫂、三番櫂と櫂入れして攪拌してから、半切中の酛をすべて「酛卸桶《もとおろしおけ》」(高さ一メートル、直径一メートルくらい)に集めていく。約一週間は中に湯を詰めた加温用の小樽「暖気樽《だきだる》」を酛卸桶に入れて温度を調節し、麹による蒸米の溶解、でんぷん糖化を促進する。酵母が増殖してくると炭酸ガスを発生するが、酛の状態、泡の形状、出方をよく観察する。盛んな「膨《ふく》れ」「湧付《わきつ》き」の状態になったら、大型の半切桶に入れて増殖を止める。

伊丹の酒蔵での洗米作業(『日本山海名産図会』1797 年より)

麴づくり．左手の釜の上の甑からため桶で蒸米を運び，莚の上で冷まし右奥の麴室に入れる．室の中に麴蓋が見える．(『日本山海名産図会』より)

でき上がった酛は、使用するまでしばらく放置しておくが、この期間を「枯《から》し」といい、その長さによって「半枯し」から「本枯し」、「大枯し」まである。ふつうは本枯しの酛を使う。

⑥**醪づくり**　こうしてつくった酛に、三尺桶を使って蒸米、麴、水を数回に分けて加え、次第に量をふやして醪をつくっていく。加える操作を「添《そえ》」、または「掛《かけ》」という。前述のように、一度に加えると酵母の増殖が間に合わなくなる。添はふつう「初添《はつぞえ》(添《そえ》)」、「仲添《なかぞえ》(仲)」、「留添《とめぞえ》(仕舞《しまい》)」の三回行い、仕込み容器は深さ三尺の三尺桶一本からはじめて仲添で二本、留添で四本にと、醪の容量がふえるに従い桶の数もふやしていく。

添の各段階では、蒸米を加える数時間前にまず桶に入れた水に麴を加えてよく攪拌する。この操作を「水麴《みずこうじ》」といい、麴の持つ酵素を十分水に溶出させておき、続いて加える蒸米でんぷんの糖化を促進するのが目的である。気温が低い時や、酛の枯し期間が長い場合など、一般に微生物の働きが抑えられる条件下では、早めに水麴を行って十分に酵素を溶出させ、気温が高い、酛の枯し期間が短い条件下では、逆に遅めにする。

その日のうちに蒸米を加えるが、この操作を「仕込む」という。

仕込み後、最初に櫂で攪拌するのが「荒櫂《あらがい》」で、米や麴など表面に浮いてくる固形物と底の液状部分を混和して温度を下げる。櫂入れはその後も必要に応じ何回か行う。初

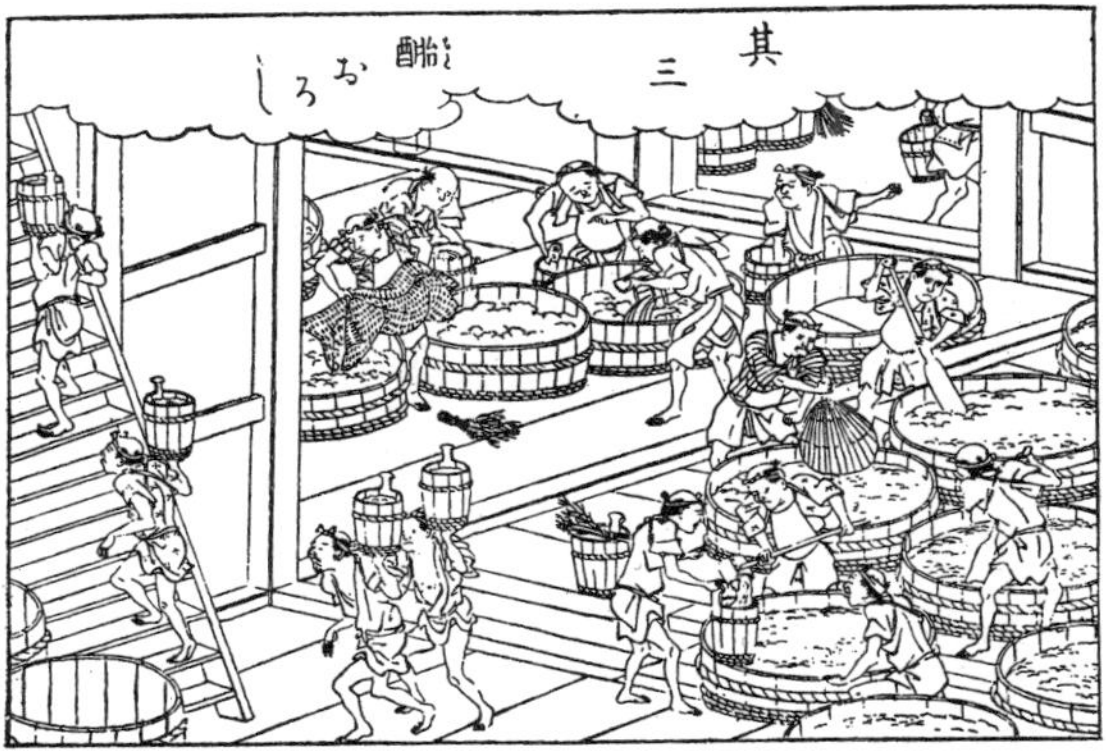

酛おろし．右手ではかぶら櫂で酛すりを行っている．でき上がった酛を左手二階へ運ぶ．(『日本山海名産図会』より)

初添，仲添，留添．蒸米，麴，水を大桶へ運ぶ．二階にはでき上がった酛がある．(『日本山海名産図会』より)

添の翌日は「踊《おどり》」と称して一日仕込みを休み、櫂入れのみを行って酵母が増殖するのを待つ。

三日目が「仲添」、四日目が「留添」だが、水麹と櫂入れは同様に行う。醪の中では麹の酵素による米でんぷんの糖化、酵母によるアルコール発酵が同時に進行し、次第に酒ができていく。寒づくりの場合、摂氏一五度以下の低温発酵ながら、粘度の高い濃厚な醪になり、アルコール度数も一八度と高い。

今のように測定器のない時代には、手を差し入れて温度をはかり、アルコール発酵の進み具合は、醪の香りや粘り気、嘗《な》めてみての甘、辛、苦、酸味のバランス、泡立ち具合など、人間の五感によって判断した。その際泡はきわめて重要な指標であり、留添終了後、醪の表面にまず数本の筋が生じる「筋泡《すじあわ》」が酵母の増殖を示し、さらに白く軽い「水泡《みずあわ》」、高い岩のような「岩泡《いわあわ》」、落ち込みながら消えるような「落泡《おちあわ》」、「玉泡《たまあわ》」を経て、発酵終了時には泡のない「地《じ》」という状態になる。留添からここまではふつう約二〇日間を要する。

⑦**上槽**《じょうそう》　アルコール発酵が終了して八、九日目に醪を容量四升くらいの酒袋に入れて、船型の圧搾器酒船《さかぶね》の中に積み重ね、上から重石で圧力をかけて搾る。これを「酒揚《さけあ》げ」、現在は「上槽《じょうそう》」と称するが、この操作によって醪は清酒と酒粕とに分けられる。

⑧**滓引**《おりびき》　上槽直後の清酒中にはまだタンパク質、酵母、繊維質などが残っており、少

醪を酒袋に入れて酒槽に積み重ね(右)，重石を掛けて搾る(中央)．搾った清酒は滓引桶で滓を沈め，呑口から出す(左)．(『日本山海名産図会』より)

し濁りがあるが、この濁りを「滓《おり》」と呼ぶ。清酒を細長い「滓引桶《おりびきおけ》」に入れて冷暗所に放置し、滓を自然沈降させる。滓引桶に二カ所つけた「呑口《のみくち》」という木栓のうち、まず上の呑口から清酒を出し、次いで下の呑口から滓を出す。

⑨火《ひ》入《い》れと貯蔵　昔は、でき上がった酒を釜で煮た。この「火入れ」の目的は、清酒の味を損なわぬように摂氏六〇度前後の比較的低温で加熱し、火《ひ》落《おち》菌などの有害な菌を殺すとともに、活性を保っている酵素の働きを止めることにある。できたての酒特有の荒い味、香りが次第に除かれて、熟成した飲みやすい酒になる。火入れをしない酒が生酒である。

清酒を夏の間貯蔵することを「夏囲《なつがこ》い」と称したが、冷蔵庫もびん詰め貯蔵法もない江戸時代、長期間安定して酒を貯蔵するのは非常に困難だった。樽の中に長く置くと、どうしても杉樽に由来する「木香《きが》」がつく。古くなった酒特有の「古酒香《こしゅか》」というのもあるし、火落菌が繁殖してドブのような悪臭が出る「火落《ひおち》」もある。火落の予防には結局何度も火入れをくり返すことになるが、それでも酒が変質、腐敗してしまった場合、俗に「直《なお》し薬《ぐすり》」と称する草木灰、蠣《かき》がらの灰を添加して酸を中和する以外に救済策はなく、この「直し」は広く行われていた。

図6はこれまでもたびたび紹介されている天保年間の灘の千石蔵の設計図である。千石蔵とは、寒づくりの約一〇〇日間で千石の酒造米を消費する酒蔵のことである。少し酒蔵の構造を説明しておこう。ふつう酒蔵は東西方向に長く延び、冬もできるだけ低温にするため窓は北側に設けられている。着色の部分は二階建てになっていて、「酛二階」という言葉もあるように、酛はふつう二階でつくられる。

一階には大きな仕込桶、滓引桶を並べる酒造場(い)、米を洗う洗場(り)、米を蒸す釜屋(ぬ)、麴をつくる室《むろ》(ち)などがある。

後述する寒づくりへの集中は、農閑期の農民の酒造出稼ぎを可能にした。彼等は米の収穫が終わると、集団で酒の産地に出かけた。関東地方の農村には、冬は積雪が多くて裏作の麦もできず、海も荒れて出漁できない越後の農漁村から、貧しい二、三男を中心とした酒造出稼ぎ人がやって来るようになった。一八世紀も後半になってからのことだ

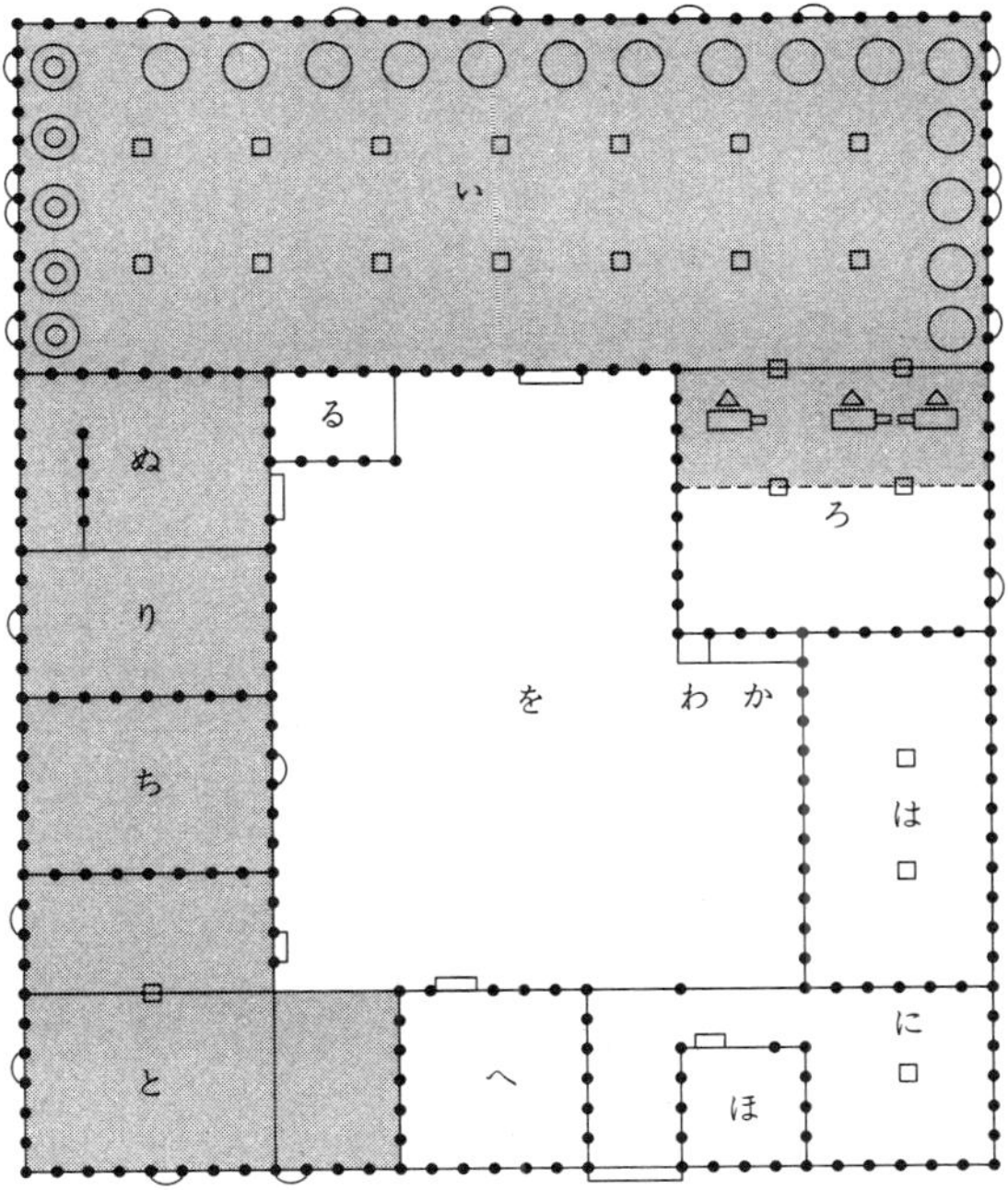

い	酒造場	96坪	ち	室	12坪	総坪数	312坪	
ろ	船場	22.5坪	り	洗場	10坪	東西総間	16間	
は	白米蔵	18坪	ぬ	釜屋	12坪	東北総間	19間半	
に	薪置場	17坪	る	休息所	3坪			
ほ	勘定場	4坪	を	道具干場	81.5坪			
へ	玄米蔵	9坪	わ	風呂場	0.25坪			
と	臼納屋	26坪	か	雪隠	0.75坪			

図6　天保期千石造り酒造蔵図

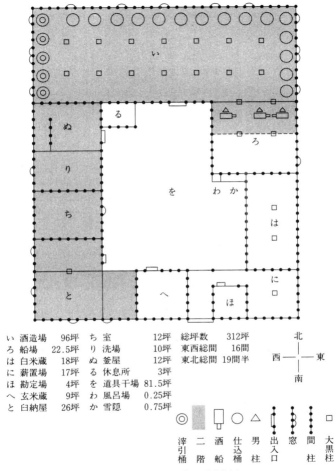

が、現金収入を得たい農民と、冬場の労働力を確保したい造り酒屋の利害とが一致した結果である。彼等出稼ぎ人の中には、その誠実な働きを認められて酒屋と養子縁組した者、のれん分けをしてもらった者、さらに酒造株を購入して小規模な造り酒屋を開いた者もいる。こうした酒屋を「越後店《だな》」と呼ぶ。

一方関西の灘も、もともと農業だけでは生活できない零細な村々だった。こうした村で酒づくりをしたのは、当初は地元農民だったが、灘酒の評価が高まった一八世紀末の寛政年間あたりから、彼等は近畿の山城、近江、紀伊、さらには関東地方の酒屋からも高給で招かれるようになった。

灘杜氏《とうじ》の他国への出稼ぎ、生産量の増大などによる労働力不足を補う形で、灘では播磨、丹波から出稼ぎ人が集められるようになり、天保年間(一八三〇―一八四四)に入ると灘の酒屋はほとんど丹波杜氏で占められることになった。そのメリットは低い賃金にあった。

酒づくりにはさまざまな役割分担がある。杜氏(頭司)は酒屋から酒づくりを請け負い、全責任を持つ。頭《かしら》は杜氏の補佐に当たる。その他、麹づくりの責任者麹師《こうじし》、道具の手配をする道具廻し、酛をつくる酛廻り、蒸米作業をする釜屋《かまや》、これら各責任者の下で実際に作業をする上人《じょうびと》、中人《ちゅうびと》、下人《したびと》、最年少の見習いで皆の食事の世話をする飯焚《めしたき》などである。米一〇〇〇石を消費する酒蔵で必要な働き手は最低一〇人とされた。酒づくりの季節になると毎日米を蒸し、一部を麹に、残りを添にまわし、酛づくり、醪の管理、上槽など分業化された労働がくり返される。

酒づくりチームの指導者である杜氏になるためには、飯焚にはじまり、精米、洗米、米蒸し、麹づくり、酛づくりなど酒づくりの全工程を数十年かかって体得し、豊富な経験、深い洞察力、強い統率力が求められる。第二次大戦前までの杜氏は、仕事の内容にふさわしい敬意を払われ、収入面でも恵まれていたから、新潟県などの農漁村では青少年は競って杜氏を志したという。しかし、手がけた酒の評価が高まれば他の酒蔵から引き抜きもあるが、失敗すれば翌年の契約はもうされない厳しい実力主義の世界でもある。

技術革新のあゆみ

一六世紀半ば頃からさまざまな技術革新、品質改良が行われ、日本酒の性格はかなり変わったが、中世までの日本酒と近世の日本酒の大きな違いは何だろうか。具体的に見ていこう。

①諸白化《もろはくか》と寒づくり　アルコール発酵を行う酵母、糖化を行うコウジカビの増殖は、当然温度が高い方が盛んであり、酒は高温の夏の方が早くできる。しかし夏場は、酒づくりにとって有害な雑菌が多数侵入して腐造となる危険性も高いし、また雑味が多く、

いわゆる「柄《がら》の悪い酒」になりやすい。

戦国時代末期、奈良興福寺の塔頭多聞院《たっちゅうたもんいん》に残された記録を見ると、当時は初秋から寒を経て翌年春までずっと酒をつくっている。江戸時代初期も、旧暦八月(旧暦は新暦よりも約一カ月遅い)につくる最初の酒「新酒」(ふつう前年に収穫した古米でつくる)にはじまって、「間酒《あいしゅ》」「寒前酒《かんまえざけ》」「寒酒《かんしゅ》」「春酒《はるざけ》」に至るまで、真夏を除いてほぼ一年中つくられていた。

気温が低く微生物の増殖に時間がかかる寒中の酒づくりは、大変な手間がかかるが、発酵温度を最初摂氏七―八度からはじめ、最終段階でも一五度と比較的低く保ちながら、雑菌の侵入を抑えることで、品質のよい酒をつくることができる。そのため酒づくりは次第に寒の時期に集中するようになった。

一方、酒造業を統制する為政者にとっても、一年中さまざまな種類の酒がつくられているよりは、秋に収穫した米を使用する良質な寒づくりに一本化させる方が、自家醸造の濁り酒もやめさせられるし、課税面からも好都合である。江戸幕府は凶作年には真っ先に新酒づくりを禁じ、次いで寒づくりの酒に使用する米を、それまでの二分の一とか三分の一まで減らすことを命じたのである。

しかし酒屋にとっては、前年に収穫した安い古米を使用し、酒の在庫が少なくなる時期に出荷して早く換金ができる新酒づくりも魅力がある。もちろん米の豊凶、地方によって事情は違い、かなり後年まで新酒づくりが中心の酒屋もあった。

中世末の酒はすでに濁り酒から清酒への移行を完了していたと思われるが、蒸米は精白米でも、麹米にはまだ玄米を使用するのがふつうだった。麹米も精白して糠《ぬか》を取り除けば、さらに雑味の少ない、品質のよい酒ができる。

蒸米、麹米の双方に精白米を使用する酒を「諸白《もろはく》」と呼ぶことは第一章にも述べた。諸白のはじまりは一六世紀半ば頃の奈良の寺院で、その系統である奈良酒屋の「南都諸白」は品質優秀な酒の代名詞であり、珍重された。やがて和泉《いずみ》の堺、摂津《せっつ》の天王寺、京都など近畿各地に「〇〇諸白」なる名酒が誕生し、江戸時代に入ると、関西から江戸へ船で送る諸白を「下り諸白」と称した。

一方従来型の酒は、諸白と区別して「片白《かたはく》」と呼ばれた。片白という語は江戸時代に入ってから一般に使われるようになったもので、酒屋で販売する酒の等級は、ふつう上から諸白、片白、並酒の順で、場所によってはその下に濁り酒があった。

諸白化によって雑味の少ない酒ができ、味はより淡麗となった。とはいっても江戸時代初期の精米はまだ臼と杵、せいぜい足踏み式の唐臼に頼っていたから、精米は五割以上も搗《つ》き減らす今日の吟醸酒用の酒米などに比べればまだ比較にならない程度だった。できる酒は黄金色で、かなりこってりした味だったろう。水車を使用した大規模、高度な精米がはじまるのは、江戸時代後期の灘においてであり、灘酒が先発の伊丹、池田酒に対して技術面で優位に立つことができた理由の一つである。

②段掛け　酒づくりの際、最初に一度に大量の蒸米、麴、水を醪《もろみ》に加えてしまうと、酵母の能力を超えてしまい、増殖が間に合わない。したがって何回かに分けて加えるが、平安時代の『延喜式《えんぎしき》』(九二七)の「御酒《ごしゅ》」の項には、一旦でき上がった酒を絹の布で濾《こ》し、そこへさらに蒸米、麴、水を加えていく「醞《しおり》」と呼ばれる方法が使われている。これで酵母は順調に増殖し、数回くり返すことで、アルコール濃度も高まるが、布で濾すのは手間がかかる。また米の醪のように粘り気の多いものは濾過しにくく、濾過中に雑菌によって酒が汚染されやすいという欠点もある。

やがて蒸米、麴、水を醪に数回に分けて加える方法が考案された。これは中国にも同様の方法があるので、必ずしも日本人の独創だとは言い切れないが、「添」、あるいは「段掛け」といい、多数の桶を組み合わせ、最初蒸米六斗余りの酛からはじめて、総量一二石程度の醪にまでふやしていく。蒸米、麴、水を加える操作を「掛《か》け」といい、前述のように三回実施する。

河内国天野山《あまのさん》金剛寺における酒の製造法を伝える『御酒之日記』(成立は一三五五、一四八九年の二説がある)「あまの」の項には、すでに段掛けの記述があるが、回数は二回で、規模も小さい。戦国時代末期に奈良興福寺で書かれた『多聞院日記』になると、掛けは三回だが、同一の規模で掛けており、醪の総量も少ない。元禄年間の奈良流酒づくりは、四段、五段掛けと称して、掛けの回数が多いのが特徴である。現在でも「甘酒四段」と称し、最後の四段目で糖化を促進し、甘い酒をつくる技術がある。

③**火入れ**　残念ながら日本酒はきわめて腐敗しやすい。現在でも賞味期限はおおむね製造後一年以内とされている。昔から酒屋が非常に恐れたのが火落《ひおち》菌汚染による夏場の「火落ち」で、これが起きると酒はドブのような悪臭を発し、著しく商品価値が下落した。

そこで酒の腐敗を防ぐために古来「火入れ」と称する清酒の低温加熱殺菌が実施されていて、ある程度効果を上げてきた。日本における火入れの起源とその有効性の問題に関しては、すでに拙著『日本の食と酒』の第六章で詳しく述べたが、火入れはフランスの細菌学者パストゥールの低温殺菌法の発明に三〇〇年先駆けたといわれている。しかし火入れはあくまでも長年の経験から生み出された技法で、酒の腐敗の原因を科学的に解明した上の対策ではなかったから、完全であったとはいえず、明治以降も火落ち問題の解決には長い期間を要したのである。

こうした新しい酒造技術は、ほとんどが僧坊、特に奈良興福寺の諸塔頭と末寺において開発されたもので、知識人である僧侶が果たした役割はきわめて大きい。鎌倉、室町時代に中国へ留学した僧侶が金山寺《きんざんじ》味噌、製粉技術などとともに新しい酒造技術を日本に持ち帰ってきた可能性もあろうが、現在それを裏付ける資料は見出されていない。

新酒と古酒

昭和四三年(一九六八)、長野県北佐久郡望月町《もちづき》(現・佐久市茂田井)の酒屋大澤家に代々家宝として伝えられてきた元禄の古酒が、実に二百数十年ぶりに開封された。望月はかつては馬の産地、また中山道の宿場として栄えたが、大澤家は元禄二年(一六八九)からこの地で酒造業を営み、現在も大澤酒造(株)として「大吉野」「善光寺秘蔵酒」などの銘柄をつくっている。

坂口謹一郎博士立ち会いのもとで開封された古酒は、黒色を呈しており、長年月の間に中身は蒸発により減少していたが、水とエチルアルコール分子の透過力の違いゆえか、アルコール濃度は逆に二四パーセントにまで増加していた。野白喜久雄博士による分析の結果、固形分のまじった醪を貯蔵したものと推定された。容器は白磁の壺で、栓は漆塗りの桐、栓の外側をさらに漆で念入りに封をしてあった。

これほどの大古酒ではないが、人見必大著『本朝食鑑』は、当時の諸白古酒について以下のように述べている。

「以上(諸白新酒と諸白古酒のこと)は皆臘月《ろうげつ》(旧暦一二月、陽暦一月)に造醸《ぞうじょう》するもので甕壺に収蔵《おさ》めて、年を経て置くことができる。三、四、五年を経た酒は味が濃く、香が美《よ》く最も佳《よ》い。六、七年から一〇年を経た酒は味が薄く、気が厚く、色も深濃となり、異香があって尚《なお》佳い。このような酒は倶《とも》に和州・摂州(大和・摂津国)の造りであって、余《ほか》の州のものは相及ばない。然れども貯える量が少ないので価も貴いのである」

これを読むと関西では壺や甕に少量貯蔵され、製造後一〇年くらい経た古酒が当時から珍重されており、保存技術が進んでいたことがうかがえる。樽では密封が不完全で酒が腐敗しやすいから、壺や甕に少量を入れたのだろう。殺菌温度は通常の火入れと同じだったのだろうか、あるいは高温で徹底的に殺菌したのだろうか、漆はきわめてすぐれた密封材料だが、一般に広く用いられていたのだろうか等々、古酒に関する疑問は次々と湧いてくる。

室町、戦国時代頃までの日本人は新酒よりも古酒を好み、古酒の方が高い値段で取引されていた。古酒がはやらなくなった理由には、大量生産化の過程で容器が密封がきかない樽になったため、古酒をつくりにくくなったこともある。古酒は茶色くなって醬油のような香りがつくが、これは陳年紹興酒という年代ものの紹興酒の香りに似ている。金沢の某メーカーが古酒の普及に力を入れておられ、二〇年物の大古酒を頂戴したが、素晴らしくおいしいものだと感じた。しかし、若い人の好みにはあまり合わないようで、私の周囲の人にこの市販品を試してもらって尋ねたところでは、嫌いだという答えの方が多かった。琉球泡盛を除けば日本では古酒の文化は今ではなくなってしまったといえる。淡麗な新酒が中心になり、ふだん古酒を味わう機会は少ない。
課題としては貯蔵管理技術のほか、古酒に合う肴をどう開拓するかということがあろう。よい香りをつけ、淡麗辛口化、低アルコール化と、日本酒の味が白ワインに近づいていくような時代の流れの中で、若い人、女性が東洋的な味の古酒をどう評価するか、大いに興味がある。

先に紹介した望月の元禄古酒のように、酒屋の創業時に、記念に密封された酒が、のちに大古酒として珍重された例はほかにもある。一九世紀はじめ信州松代《まつしろ》藩の家老鎌原《かんばら》桐山《とうざん》の随筆『朝陽館漫筆《ちょうようかんまんぴつ》』には、松代城下のさまざまな出来事が奇談の類に至るまで書き留められている。その中に大古酒の話がある。

「九月二九日南篁《なんこう》先生を訪《とぶら》ふ。先年外《ほか》より貰ひたりとて一四六年になる酒を出して見せらる。予掌にうけて一口を喫す。其色黒くして味甜《あま》し。珍味なり岩村田の酒也」

あまり期待もせずに『朝陽館漫筆』の頁を繰っていてこの記事に出会った時は本当に驚いた。鎌原桐山がこの文章を書いたのは文化七年(一八一〇)のことだから、それより一四六年前といえば寛文四年(一六六四)である。この大古酒の産地も望月に近い岩村田であり、色が黒く甘かったという点も前述の元禄古酒と同じである。

昭和三一年(一九五六)、醸造試験所の山田正一氏は、岐阜県瑞浪《みずなみ》の酒屋中島家(現・中島醸造(株))で元禄初年の記載のある酒を味わっているが、容器は陶器の甕で、酒の色は

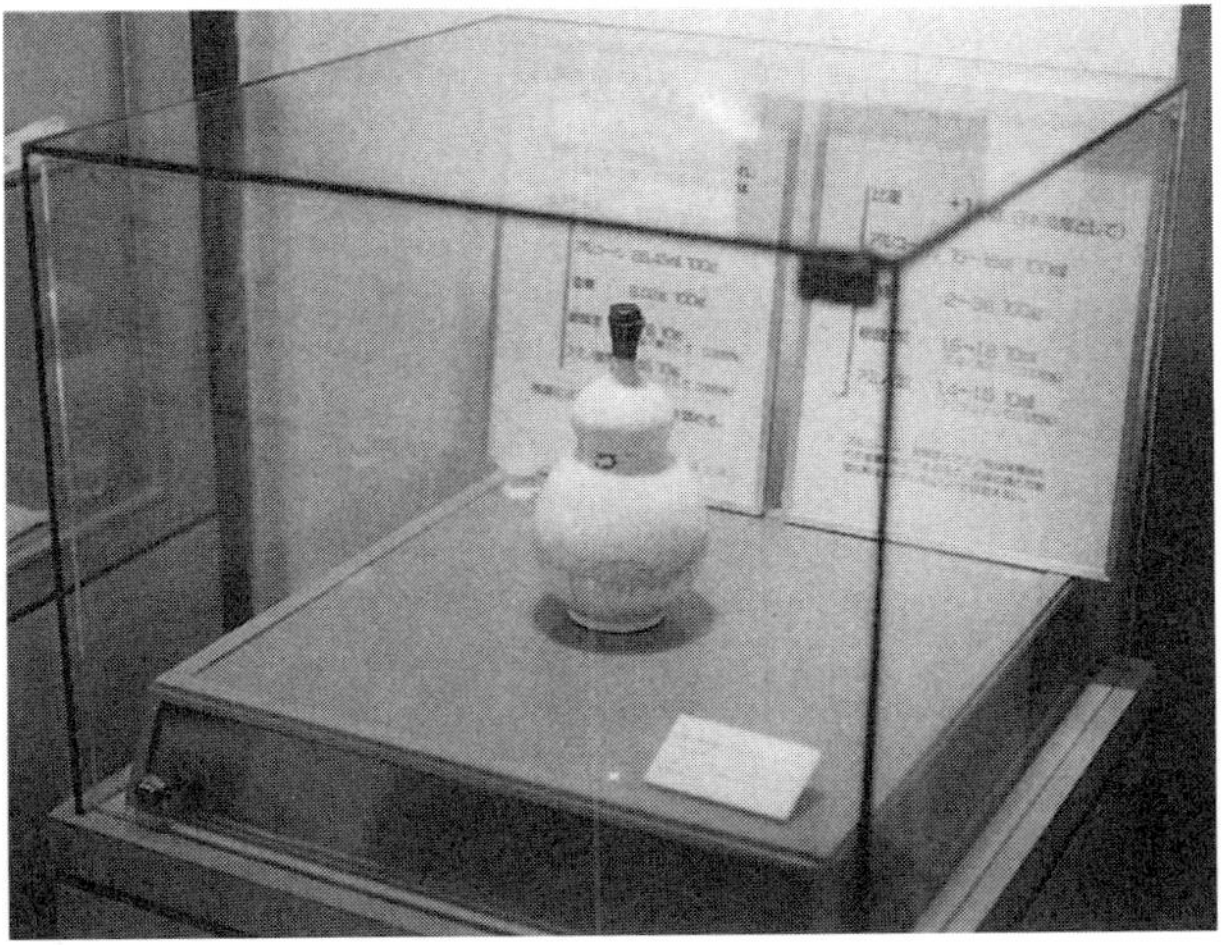

元禄古酒の白磁の壺(大澤酒造資料館)

黒く、味の方は遺憾ながら酒のミイラと評されている。

私が見出した江戸時代の大古酒に関する記述は以上の三つである。

望月を訪れた日は一月の末で、快晴だったが気温は零下一〇度近かった。信越本線小《こ》諸《もろ》駅前から乗ったタクシーは右手に浅間山を望みつつ、凍結した旧中山道を進んだ。目指す大澤酒造は旧街道に面した白壁と瓦屋根の美しい建物である。門をくぐると奥の酒蔵では寒酒の仕込み中で、甘い香りが漂ってくる。付属の酒造資料館もこの季節ほかに訪れる人もなく、ひっそりとしている。案内を乞い、二階の部屋の照明をつけていただいた。ガラスケースの中に大事に納められた元禄古酒の白磁の壺は、写真で想像していたよりもずっと美しく、しんと冷え切った室内で輝いて見えた。見学後一階で少し冷酒をいただいて身体を温め、岩村田へ出た。その日は凍りつくように寒い小海《こうみ》線の列車で小淵沢《こぶちざわ》へまわり、塩尻から京都に戻った。

酒造技術書

江戸時代の酒造技術は、百科全書ともいうべき『本朝食鑑』や『和漢三才図会』(一七一二)によって大体はわかるが、これだけでは時代や流派による違い、変化まではつかみ切れない。そこで各地の酒屋や図書館に伝えられた酒屋の仕込み記録、杜氏の簡単な覚書や酒造技術書などが重要になってくるが、他の伝統技術同様、酒造技術も杜氏の口《く》伝《でん》、秘伝が多く、酒造技術書として現在まで残っているものは少ない(**表3**)。

日本最初の酒造技術書はおそらく『御酒之日記』だろう。本書はのちに秋田藩主となる佐竹氏がまだ常陸国佐竹郷に居住していた頃から佐竹家に伝えられている古文書の一部で、東京大学史料編纂所の小野晃嗣氏が『日本産業発達史の研究』(一九四一)中ではじめて紹介された。史料編纂所の所蔵本は永禄九年(一五六六)の筆写本で、原本成立は文和四年(一三五五)、長享三年(一四八九)の二説があるが、いずれにせよ南北朝から室町時

表 3　酒造関係の文献一覧

文献名	著　者	成立年代	内　　容
延喜式《えんぎしき》	藤原忠平ら	927	律令の施行細則 50 巻 宮廷の酒の製法がまとめられている
御酒之日記《ごしゅのにっき》	不詳	1355 または 1489	秋田の佐竹家に伝わる中世の酒造法
多聞院日記《たもんいんにっき》	僧英俊ら	1478〜1618	興福寺塔頭多聞院の日記 酒，醤，味噌の製造記録有
童蒙酒造記《どうもうしゅぞうき》	不詳	1687？	鴻池流を中心とした酒造技術書
本朝食鑑《ほんちょうしょっかん》	人見必大	1697	食に関する百科全書
和漢三才図会《わかんさんさいずえ》	寺島良安	1712	日本初の絵入り百科事典 発酵食品の製法も詳しい

代にかけての酒造技術を知り得る、ほとんど唯一の手掛かりである。

都で珍重された河内国天野山金剛寺の名酒「あまの」「菩提酛《ぼだいもと》」の名の起源となった奈良菩提山正暦寺の酒「菩提泉」、重陽の節句に用いる菊酒の製法を書いた「菊酒日記」が含まれており、筑前博多の「ねりぬき」や「きかき」という酒の火入れ法なども簡潔に述べられている。酒の段掛けと火入れに関する恐らく本邦最初の記述があるが、冒頭に「能々口《ようようく》伝《でん》、秘すべし、秘すべし」とあるように、あくまで秘伝として伝えられたものである。

『多聞院日記《たもんいんにっき》』中の酒造に関する記事も小野晃嗣氏が紹介されて一躍有名になった。奈良興福寺の塔頭多聞院において文明一〇年(一四七八)から元和四年(一六一八)までの百数十年間、英俊《えいしゅん》という名の僧侶をはじめ、三代の記者によって書き継がれたこの日記には、段掛け、諸白づくり、火入れなど中世末の僧坊から生み出された酒造技術に関する記述があり、きわめて貴重な資料である。

しかしもともと日記であり、奈良を中心とした近畿の政治情勢、寺の行事などに関する記述の間に酒造記事が散見される程度である。大きな期待を抱いて読んでも失望するだろう。この日記の記述から中世末の僧坊における酒づくりの全体像を組み立て、技術の詳細までを解明するのは、なかなか困難な作業である。本格的な酒造技術書というのはやはり江戸時代に入ってから登場してくる。

伊丹や灘の酒屋に伝えられた酒造記録は、その一部が整理され、酒造会社の社史、市町村史、『日本醸造協会雑誌』などで翻刻、解説されている。また酒造技術書は一七世紀末と一九世紀はじめ頃に成立のピークがある。

酒造技術は各流派の杜氏から弟子への口伝であり、酒造技術書も門外不出の秘伝書として酒屋に伝えられたものがほとんどである。誰もがつくれるわけではない酒の持つ性格からしても当然で、広く一般に公開されて、素人でも実地に試み得るものではなかった。

同時期の農業技術書、たとえば宮崎安貞の『農業全書』(一六九七)が印刷され、各地の篤農家の間で江戸時代を通じ広く読まれたのと対照的である。酒造技術書は多くても数部の筆写本が現存するのみで、刊本はなく、そう広く流布していたとは思われない。
また酒造技術書ではないが、江戸時代に広く読まれた日本の百科全書ともいうべき人見必大の『本朝食鑑』、寺島良安の『和漢三才図会』の酒造技術に関する記述もかなり詳細なものである。

同じ諸白の寒づくりといっても『本朝食鑑』に紹介されている南都、つまり奈良諸白の場合、まだ総米(蒸米＋麹の合計)が六斗、これに水が加わった醪の容量でも一石程度にすぎない。また麹歩合(麹÷蒸米)が酛から留添まで六割と高く、加える水も多くはない。

近世初期、江戸向け酒の主生産地だったのは伊丹で、伊丹酒は「丹醸《たんじょう》」と呼ばれたが、麹歩合は奈良酒よりも低く、汲水《くみみず》(加える水)をやや多くするタイプだった。また上槽前に焼酎を加えて酒質を強化することですっきりした辛口酒が出来た。この技法は「柱《はしら》焼酎《じょうちゅう》」と呼ばれ、今日のアルコール添加のはしりである。

伊丹の小西酒造(「白雪」)に伝わる文書によれば、元禄一六年(一七〇三)の仕込みは、三段掛けで総米九石七斗、醪の総量一五石三斗六升で、先の南部諸白より十数倍も増加している。麹歩合は酛が三割三分、添の各段階で二割五分から三割である。このように次第に生産規模は増大したが、加えた水の量を総米で割った汲水歩合は奈良諸白とあまり違わない〇・五八(五・八水という)にとどまっており、後年の灘酒に比べるとまだ低い。

伊丹酒とさらに後発の灘酒を比較すると、灘酒はアルコール濃度を低下させることなく、米を有効に利用し、同一量の米からより多くの酒をつくることができた。幕末の灘酒が米一〇石に対し水一〇石を加える「十水《とみず》」の仕込みという、「のびのきく酒」の大量生産を可能にしていたのにくらべ、伊丹酒の技術面での立ち遅れが目立ってくる。

また元禄六年(一六九三)の小西家の仕込み時期と回数を見ると、まだ旧暦八月末から九月末にかけての酒づくりが中心であり、新酒が二四酛、間酒《あいしゅ》が四四酛となっているが、時代が下がるにつれ、次第に寒づくりへの一本化が進められていく。

さて、最後に江戸時代最高の酒造技術書といわれる『童蒙酒造記《どうもうしゅぞうき》』を取り上げよう。「童蒙」とは知識が十分に備わっていない子供のことだが、それはあくまで著者の謙遜か、あるいは子供でもできるくらい懇切丁寧な解説書の意味だろう。本書が質、量ともに江戸時代を通じてもっともすぐれた酒造技術書であることは疑いない。数種の筆写本があって、以前から昔の酒造技術に関心を抱く人の間ではその存在はよく知られていた。明治時代末から何度も部分的な翻刻、紹介が行われている。

著者はわかっていないが、「当流と号するは鴻池流《こうのいけ》なり」とあるように、長年鴻池において酒づくりをした技術者らしい。しかし第一巻の「酒造に得失勘《わきま》への事」「酒十年概《ならし》の事」などの項を読むと、酒の市価や利益にも敏感な、結構商才もある関西人の姿がうかがえる。また貞享三年(一六八六)から翌年にかけての米価、酒価の記述があることから、本書の成立は貞享四年以後と思われる。前述のように鴻池の酒造業は消滅してしまったから、酒造技術に関する資料は本書以外にはほとんど残っていない。

内容は鴻池流を中心にして、酒づくりのすべての面にわたり解説を加えたものである。鴻池流の技術は伊丹流に近く、低温発酵法だった。全体は五巻から構成されている。以下内容を紹介すると、

第一巻。和漢の酒のはじまり、酒の異名、原料米を買う際の心得、酒づくりの損得、ここ一〇年間の米価と酒価の概況、ふつうの人間にはなじみの薄い酒造道具と特殊な酒造用語の解説など。驚くほどたくさん列挙されている和漢の酒の異名は、他書の引き写しに思われる。

第二巻。現代では使われていないが、手早く酒のできる「菩提酛《ぼだいもと》」と「煮酛《にもと》」について詳述し、次いで時間をかける「生酛《きもと》」づくりの解説。菩提酛というのは、奈良の菩提山正暦寺ではじまったと伝えられるのでこの名がある。笊籬《いかき》(ざる)を使うことから「笊籬酛」ともいう。その方法は、残暑の厳しい季節に新酒を仕込む際、ざるの中に蒸米を入れ、水中であらかじめ乳酸発酵させて酛をつくる。これはたまらなく臭いものらしいが、乳酸菌のつくる乳酸の存在下で酵母を増殖させ、夏でも安全に酛がつくれる技術である。高温で発酵が早く進む時期であるが、蒸米は「強く仕掛ける」、つまり温度を高めにして加え、ふつう三回行う添《そえ》も二回で終了する。麴は酛も添も蒸米の六割と多めに

使用する。当時酛がよくできたかは、嘗めてみて判断した。麹によってでんぷんが糖化されて甘味が出、さらに渋味と辛味が加わった時に添を行う。

一方の煮酛は、現在の高温糖化法で、それも湯の中での湯煎《ゆせん》ではなく、酛を釜に入れて直接煮るのだから、酵母を殺してしまってはならない。火加減で温度を調節するのは困難なことが容易に想像される。菩提酛も煮酛も結構難しいもので、実際に使われることは少なかったようだ。

第三巻。本書の中心となる鴻池流につき詳述。気温の低い時期の寒づくりだから、大桶を使用し、「強く仕掛ける」、つまり仕込み時に蒸米の温度を高めにすることが強調されている。

酛は蒸米を六斗使用する「六斗酛」である。また添は三回で、これで風味は甘口だが、「尻口のしゃんとした」(いつまでもだらだらと甘味が残らない、ぐらいの意味か)酒ができるとある。米は念入りに精白し、酛の麹は蒸米の四割、添の麹は三割使用する。櫂《かい》入れ回数や暖気樽《だきだる》を引き上げる時期にも留意する。

気候の寒暖、目的とする酒の味に合わせて酛を枯す時間、水麹の時間、蒸米の温度、櫂入れの時間を調節する。

一方春につくる酒は、暖かくなる季節だから、蒸米は冷まし切ってから「弱く仕掛ける」。また水麹の時間も季節を追って短くする。総じて春は発酵が進みすぎるから、酒が変質しないよう注意を払う。

蒸米にのみ精白米を使用する片白は、寒春ともに諸白よりも低温とする。水を多くしたり、玄米を使用すると発酵が進む。玄米の糠には微生物の発育を促進する物質が多く含まれているからである。

小米酒《こごめ》は砕けた米、粉末の米でつくる酒であり、また餅米酒はふつう使ううるち米の代わりに餅米でつくる酒である。小米は米の溶解、糖化が早いから発酵が早く進み、また蒸した餅米は固まって使いにくいから注意する。

第四巻と第五巻は他人に見せてはならないと特に注意書きがある。第四巻は鴻池流以外の他流派の酒づくりを詳しく解説しているが、その目的は諸流派の酒づくりを広く学んで狭く行い、よい所は取り、悪い所は捨てるためだという。

各流派の特徴を示せば、

①奈良流　諸流派の根源となる流派。段掛けはふつうの三回に対し、四、五回行う。麴歩合は酛、添ともに六割である。「このようにつくれば、百発百中間違いなくぴんしゃんとした辛口酒になる」とある。低温づくりである。

②伊丹流　辛口酒づくりの根源。低温づくりで、加温用の暖気樽は数多く入れない。上槽前に焼酎を醪の一割くらい加えると酒の風味がしゃんとし、日持ちがよくなる。アルコール添加のはしりである。

第二次大戦後の米不足の時期からアルコール、ブドウ糖、水飴などを加えて手軽に酒の量をふやす「三倍増醸酒」が大流行し、邪道だとずいぶん批判された。しかしブドウ糖はともかく、アルコール添加の方は悪いことばかりではなく、今日でもすっきり辛口で飲み飽きないタイプの酒は、純米酒よりもむしろアルコール添加酒に多い。

③小浜流　若狭の小浜《おばま》ではなく、現在の兵庫県宝塚市小浜《こはま》でつくられていた酒。消えてしまった酒だけに興味深いが、これも伊丹流同様の辛口づくりで、「花降《はなふ》り」つまり麴由来のタンパク質が析出して清酒が混濁しないことが特徴である。

その他焼酎の蒸留法、味醂、麻生酒《あそう》(麻をまく頃つくる薬酒の一種)、濁り酒、博多の練酒など諸国の名酒、忍冬酒《にんどう》などの薬酒製造法についても解説されている。

第五巻。まず酛について、その良し悪しの判断、暖気樽による発酵調節、酛づくりを早く行う方法、醪の一部を酛として使うこと、癖のある酛の見分け方などが詳しく述べられている。

水の汲み方。寒前から寒中にかけて寒くなるにつれ、「汲水を延ばす」つまり加える水の量を多くしていき、春には逆に水の量を減らすことで発酵調節を行う。

一般によく精白していない米、胞子の多い麴、温かい蒸米、新しい酛を使用した時は発酵が進み、逆の条件下では遅くなる。こうしたことをすべて考慮に入れた上で、甘口、辛口の酒をほぼ思い通りにつくることができる。

以下上槽、桶に封を張ること、滓引法と続く。また昔の酒はよく腐敗したから、二回ないし三回実施する火入れ前の酒の微妙な品質変化を見逃さないよう、細心の注意を払うよう指示している。火入れ温度の加減、桶の封印法、夏期の酒貯蔵に関しても詳しい。大抵の酒造技術書は、酒直し法、つまり多酸となった醪、腐敗して商品価値がなくなった清酒に「直し薬」を加える方法に多くの紙枚を費やしている。『童蒙酒造記』も例外ではなく、最後に草木灰、貝殻を焼いた灰を醪や清酒に加えたり、清酒を砂で濾過することなどを述べて結びとしている。

温度計一本ない時代の発酵管理には、人間の五感が最大限に利用された。温度は手加減で、酛や醪は嘗めて甘、辛、渋、酸味の調和から糖化、発酵の進み具合を判断した。同書ではぼちぼち、ぶつぶつなど音を言葉で伝えることにも意が払われている。醪が湧く音に耳をすまし、泡の立ち方、細かさに注意して異常を発見し、手当てをした。それは職人技としての極致とも言うべきものであった。

老杜氏の言葉

江戸時代の初期から関西と地方の人と物の交流は結構盛んだった。酒造技術の面でも、地方の酒屋が関西から杜氏を招き、技術指導を受けた例は東北、信州、九州などに数多くある。こうした技術移入は直ちに地方の水準を引き上げたわけではないが、少しずつ関西流酒造法というものが浸透していったのである。

信州における事例を挙げよう。元禄一六年(一七〇三)、上田原町(現・長野県上田市)の酒屋惣兵衛が大坂石津町(現・大阪市西区)石川屋の奉公人七兵衛を雇用した際の「杜氏奉公請状《うけじょう》」が残されている。七兵衛の給料は年俸六両とかなりの高給で、うち二両は前金として支払う。酒はもちろんのこと、麹もつくること(当時麹はまだ専門の麹屋がつくることが多かった)、途中で欠落《かけおち》(逐電《ちくでん》、逃亡)した場合は、年俸に三割の利息を加えて弁償すること、内緒で酒を売らぬこと、気に入らなければ半年で暇を出してもらっても結構、また気に入ったらこの請状で何年間使ってもらってもかまわない等の雇用条件が記されている。

大坂の酒は、当時すでに「天王寺諸白」「平野諸白」として有名だった。酒屋の奉公人を斡旋する口入屋《くちいれや》があり、高給にひかれてはるばる信州まで出稼ぎに行く杜氏も多かったのであろう。

寛延四年(一七五一)に播州高砂《たかさご》(兵庫県高砂市)の「かまや」の奉公人九兵衛が信州松代町の八田嘉助に宛てた請状にも同様の条件が記されている。播州高砂も多くの播州杜氏を生んだ土地である。松代の酒は上方から杜氏を招いて以後、品質が向上したと伝えられており、のちに「黄菊」という名酒が誕生した。

杜氏の仕事は製品の酒に語らせるものであるから、彼等が自分の技術や信条などを語った文章に出会うことはきわめて少ない。先に紹介した『童蒙酒造記』でも、それを書いた杜氏自身の顔はほとんど見えてこなかった。

秋田県仙北郡中仙町長野(現・大仙市長野)は、大曲《おおまがり》から田沢湖線に乗って四つ目、羽後長野駅の近くである。ここの鈴木酒造店(「秀よし」)は元禄二年(一六八九)創業の古い酒蔵で、同家の所蔵する『元禄時代以来酒造伝記録』は、杜氏が自らの言葉で酒づくりの極意を語っている点で、他に類を見ない大変興味深い資料である。

明和八年(一七七一)八月に熊谷亦兵衛なる人物が筆写したもので、原本は元禄年間に書かれたものと思われる。

「右の秘伝書は先年大坂から下ったものである。その頃は大坂から杜氏がたくさん来たが、なかなか長続きしなかった。この書は原著者が五〇年余かけて受け伝えた経験のほかに、工夫を巡らし、酒づくりのみに心を尽くし、善し悪しを尋ね、生涯かけて伝えたものに自分の考えを加え書き記すものである」

と最後に熊谷亦兵衛が記している。

察するところ、原本の著者は大坂近辺で五〇年間にわたって酒づくりをしていたが、その覚書らしい。しかし筆写本の秋田における酒づくり記述は、彼が元禄年間に体験したことなのか、あるいは後年の書き込みなのか、判然としないので、資料の取り扱いは慎重にする必要がある。本書の酒づくり法は元禄年間の大坂近辺、恐らく伊丹流と思われる。

本書には「覚」「新酒造ルニあたたかなる時の次第聞書の覚」「山内物語」「酒の直し方」「三石の諸味《もろみ》直ス事」「もどしの事」などの見出しがあって、元禄八年から一六年にかけての酒造記録が詳細に残されている。また小ヱ門、三郎ヱ門、庄兵衛など仲間の杜氏や、酒屋の長浜屋吉兵衛らの名前がよく登場する。原著者が大坂近辺で酒づくりをしていたとする根拠は、「自分は大坂で数年間色々な師匠について教えを受けた」という個所、また酒直しに使う時鳥《ほととぎす》の黒焼が京都出水《でみず》の鳥屋で入手可能だと述べている個所である。また秋田で酒づくりをしたことは、横手の東にあり、今も多くの杜氏を出している「山内《さんない》」(現・秋田県横手市)の地名が出てくることからわかる。

もっとも興味深いのは原著者が自分の信条を述べている次の個所である。その大意は、「すべて「もやし」などの良し悪しも知らない杜氏が多い。さてさて心もとない次第である。どのようでも杜氏は一通りの技術を知らなくては、決して杜氏をすべきではない。もっての外のことである。少しばかり酒づくりの心得があるからといって、それだけで杜氏だなどというのは、思いも寄らぬことである。自分などは、大坂で数年間多くの名人について色々な教えを受けたが、今もって心もとないことだ。

このようにすればよくできるだろうと思っていても、暑さ寒さの成り行きを考慮し、教わったこと以外は経験の多い上手な人から習うべきだろう。また多くの酒を手掛ければ、ひとりでに酒の方から教えられることが間々あるものである。

杜氏というのは第一に人格が大事である。そうでないと配下の若い人の監督ができない。また杜氏はすべて酒屋の主人の財産を常に大切にせよ。

若い人の面倒をしっかり見よ。場合によっては自分の金を使ってでも面倒を見るべきである。人を使う場合は、その人の履物を直して履かせるくらいに心がけなくてはいけない。

今の人の様子を見ると、何も知らないのに自分は杜氏だからといって、常に上座に座り、うまい物があれば人よりも先に食べるなど、如才のないことであるが、大切な酒のつくり方は下手である。すべて休みの日などは、若い人をよく休ませ、その日は自分は若い人の仕事まで見届けねばならぬ。酒づくりのことは人任せではいけない。そうした意地のない人は、杜氏をやめるのが当然だと思う。その他のことも、よくよく承知の上でよく考えて決めるべきである。

自分は五〇年余り昼夜酒を手掛け、色々と心を尽くしてきたが、これで間違いなくよい酒ができるかは、全くわからない。このようなことはいうべきではないのだが、たくさんお集まりの上、色々な事につきお尋ねであるので、ついでに恥ずかしながら申し上げた。このほかにも自分たちに至らぬ点があれば、必ず注意下さるようお願いする。皆様方一人々々が酒に関してよい事を御存知であれば、お教えいただきたい。子供しか知らぬ川渡りを、老人が連れ立って浅瀬を渡るということもあるので、上手になっても人に従って尋ねる事が第一に重要である。

世間と交際のない人に限って家業がおろそかになろう。人は人に従えば、尋ねる事も出てこよう。人が気ままであることが第一の欠点であろう。

特に杜氏は諸事にわたって注意しなければならぬ。自分は数十年来杜氏の真似事だけしてきたとはいえ、酒を自分だけでつくったとは全く思わない。五〇年来、一日でも怠らぬようにと昼夜心がけてはいるが、右の通りである。まして五年や七年酒づくりを手掛けたからといって、なかなか誰でも納得できるようなものではない。師匠の教えのほか、熱心に心を尽くせば酒によいこともあろうから、よくよく御承知いただきたい。もしまた若い人たちで、意見を聞きたいと思われる方は、御相談にのるので、遠慮なくおっしゃっていただきたい」

この部分は醪直し法の後にはさまれており、酒屋の主人たちと杜氏たちとの会合、あるいは酒造講習会のような会の折に、杜氏を代表して意見を述べたものらしい。

「これまで本当に納得できる酒ができたと思ったことは一度もない。一回一回が初めてのつもりである」という言葉は今の酒造関係者からもときどき聞くが、この老杜氏も若い人の使い方に配慮すること、酒屋の財産を第一に考えること、常に人の意見を聞いて学ばねばならぬことなど、まことに謙虚である。物づくりに賭ける日本の職人の情熱は、昔も今も素晴らしいいし、日本人はこうした一徹な人が好きなのである。

さて次に技術面から『元禄時代以来酒造伝記録』を検討してみたい。本書が秋田における酒づくりに触れていることが明らかな個所は、

「自分が先年大坂から下る途中、仙北角間川《かくまがわ》(現・秋田県大曲《おおまがり》市)でよい米を搗《つ》かせ、麹を蒸米の三割の割合で使って酒をつくったところ、酒がことのほか辛口にできてよく売れた。それ以前は、精白しない米でつくる酒、片白、諸白も目的にかなわず、米一斗に対し麹を四升三合くらいでつくっていたために、酒の味が賤しくて甘かったが、自分がつくった酒を売り出したところ、評判は湯沢まで聞こえてよく売れた。だから麹の多い酒は甘く、少ないものは辛い」

という部分である。

ふつう麹歩合を下げると酒は辛口になるとされるが、麹が三割というのは辛口で聞こえた後年の灘酒と同じくらいの割合である。続いて同書はこう述べている。

「元禄一二年、世間では蒸米一石当たり麹四斗の割合であったが、自分のところでこれを三斗五升にすると、酒は辛口であった。藤林三郎右衛門のところの酒づくりでは九石仕舞《しまい》(酛から留添までの蒸米、麹の合計が九石)で、酛から平均して麹を控え、酒は辛口となった。ただし、麹を少なくする場合、一番櫂を早く入れすぎると酒の味が賤しく、辛

い。醪をよく「にっとりと」湧かせてから一番櫂を入れると、旨味《うまみ》と辛味が出る。ここが秘訣で、手掛けてみればこれであろうということがわかるものである。この旨味はそうしてみてわかったものだ」

この個所が後年の書き込みでなければ、元禄年間の秋田における関西杜氏の技術指導の一例といえる。長年の経験に裏付けられた杜氏の自信の程がうかがえる。

彼はこれに続けて、麹の加えすぎは夏になってから酒が甘くなるといさめている。さらに、次のような指導の事例も報告されている。

「酒屋の坂本七郎右衛門のところでは、年末一二月二〇日頃に九石仕込みで一本仕込んだが、自分が正月一〇日に年始の礼に訪れると、この酒が一向に湧かず、どうしたものかと相談された。「そういうことであれば、今晩は泊まって私が工夫してみましょう」と引き受け、大坂での師匠の教えにしたがい清酒三斗くらいをよく沸かして加え、櫂入れし、桶の真ん中を突き入れて、暖気樽二つに湯を手引加減(中に腕を入れ、三回まわして熱いと手を引っ込めるくらいの温度を指す)にして入れたものを桶の中に入れ、しっかり蓋をし、筵《むしろ》を掛けておいたら、夜中に湧き立って少し桶からこぼれた。この酒は上々のできであろう。しかしながら、夏まで持つかどうかは心もとないので、早く売るようにいって売らせた。このようなこともあるから、何でも聞かねばならぬのだ。七郎右衛門殿をはじめ、杜氏たちから厚く礼を述べられた。このことはあとで親しい人々には残らず話して聞かせた」

　おそらく温度が低すぎたかして、酵母の増殖が思わしくなかったのだろう。湯を入れた暖気樽による加温が効果を上げたわけである。杜氏たちはときどき集まって、米を何日水に漬けるかなどを、自分の経験をもとに話し合って対策を考えたりしたようだ。

果実酒と薬酒

　日本では、近代に至るまで、米を原料とした酒が中心だった。何故日本にはヨーロッパのような本格的なワインが誕生しなかったのか。この問題は私も長い間いろいろ考えたが、すでに麻井宇介氏が詳しい考察を加えられている（『比較ワイン文化考』中央公論社、一九八一年）。その理由は、乾燥して水分に乏しい地中海沿岸地方では、アルコール濃度の低いワインは渇きをいやす水代わりの飲み物だったが、湿潤な気候の日本では水はどこでも豊富に得られ、酒はまず酔うためのものだった。

　したがって日本では、ブドウはまず生で食べる果物で、加工用ではなかった。かつて、長野県八ヶ岳山麓の縄文遺跡からヤマブドウの種子が残る甕が出土したことがあるが、これで縄文人はヤマブドウのワインをつくっていたと断定できるだろうか。ワインづくりには糖化操作は必要ないにしても、野生のヤマブドウでは果汁の糖度も低いだろうし、いささか疑問が残る。

ブドウには大きく分けてヨーロッパブドウとアメリカブドウの二系統があり、日本で栽培され続けてきた「甲州」種は、鎌倉時代に山に自生していたのを発見されたと伝えられるが、ヨーロッパブドウの系統で生食にもワインにも向く。しかしいろいろな文献に当たってみたが、産業としてのワインづくりは、甲斐でも河内でも、江戸時代に入っても行われていた記録はない。

一方で、江戸時代にも個人が趣味として焼酎にさまざまな果実を漬けて、果実由来の色、香り、味を楽しむ程度の果実酒づくりはあった。だがこれは、「ワイン」ではなく、あくまで別物の「葡萄酒」として区別する方がよいと思う。その理由は、ワインのようにブドウ果実中のブドウ糖が酵母の働きによってアルコールと炭酸ガスに変化するのではなく、日本酒や焼酎など一旦でき上がった酒に麴、ブドウ果実、砂糖を加えて味と色をつけたものだからである。そこには、酒づくりにはすべて麴を加える東洋の伝統が生きているように思う。

第一章で見たように、鹿苑寺の鳳林和尚は手づくりの「葡萄酒」を楽しんだが、その製法まではわからない。そこで食に関する百科事典ともいうべき『本朝食鑑』に当たってみる。

『本朝食鑑』の「葡萄酒」は、「よく熟して紫色になった葡萄の実の皮と滓《かす》を取り去り、濾してから磁器に合わせて盛り、静かな場所に一晩置き、翌日再び濾して汁を取る。二日分の濃い汁一升を炭火で二回沸くくらい煎じ、地上に放置して冷めるのを待つ。そこに諸白の三年酒一升、氷砂糖の粉末を加えてかきまぜ、陶器の甕に入れ、封をしておくと一五日余りで酒ができる。あるいは一、二年を経たものはなおよい。年月を経たものは濃紫色も蜜のようで、味はオランダのチンタ［赤ワインのこと］に似ており、世間ではこれを称賛している。一体この酒を造る種としては、えびづるが一番よい。つまり山葡萄である。俗に黒葡萄というのも造酒によい」

ヤマブドウは冷涼な気候を好み、北海道から本州に分布している。これに似た植物であるエビヅルは本州から九州の山野に広く自生し、ここでいう「山葡萄」とはエビヅルのことらしい。幕末の日本に長く滞在したオランダ商館長ドゥーフもこれで酒をつくったようだが、糖度が低いから糖分を補ってやる必要があったろう。

『東海道中膝栗毛』で有名な十返舎一九《じっぺんしゃいっく》（一七六五―一八三一）は酒と食物にも関心が深く、『手造酒法《てづくりしゅほう》』（一八一三）なる本も残している。同書は餅菓子《もちがし》の製法を述べた『餅菓子即席増補手製集《てせいしゅう》』（一八一三）がきわめて好評だったので、急遽その後編として刊行したとある。前半部には各種の酒、後半部には付録として各種麺類、ゆべし、麩《ふ》菓子、味噌、醤油の製法までを収めている。

江戸食文化の最盛期、文化年間には、家庭で果実酒、薬酒をつくって楽しむことが流行したようだ。『手造酒法』の葡萄酒は、材料に焼酎二升、白砂糖三升、よく熟した葡萄の実を絞って布で濾した葡萄汁三升、龍眼《りゅうがん》(ムクロジ科の小高木。実を食用にする)の肉を用意する。龍眼は擂鉢で擂り、生酒五升でとき、布で濾してから使う。これら全部を一緒に壺に入れ、冷所に置く。この酒のアルコールは焼酎に、甘味は砂糖に、色と香りは葡萄に由来する。

『手造酒法』にはほかに山葡萄酒も出てくるが、これはまた何とも奇妙なつくりである。用意するものは柄を取り去った山葡萄(エビヅル)の実八升、ふつうの強飯《こわいい》くらいに蒸した上質の餅米白米八升、上質の焼酎一斗に麴八升。強飯と麴をよくもみ合わせ、瓶に仕込む。その上に山葡萄を敷く。同じようにして強飯と麴をもみ合わせたものと山葡萄を一段ずつ重ね、最後にその上から蜂の巣状にしっかり突いて穴を開け、さらに焼酎を加えておく。

これは「酒精《しゅせい》強化麴式葡萄酒」とでも呼ぶべきだろうか。しかし強飯と麴が葡萄色に染まって、なんとも汚らしい感じがする。焼酎を一斗も加えておくから、アルコール分はほとんど焼酎に由来するのだろう。また麴を加えると強飯のでんぷんが糖化され、甘味もつく。山葡萄の果皮に付着している野生酵母で少しはアルコール発酵も進むだろうから、発生する炭酸ガスを抜くために穴を開ける。

穀物酒中心のアジアでは、酒づくりにはまず麴が必要と考えたのか、あるいは独特の芳醇な香りをつけるためか、麴式葡萄酒というのは中国にも朝鮮にもあった。中国宋代の『北山酒経《ほくざんしゅけい》』(一一一七)中の葡萄酒も、あらかじめ飯を乳酸発酵させておいた「漿水《しょうすい》」なるものに葡萄汁と麴を加えてつくっている。この考え方は日本の菩提酛と同じで、発酵を安全に進める。また、麴によって甘味もつく。これらはヨーロッパのワインからすれば一種のゲテモノ酒だろうが、麴を使う果実酒というのは、穀物酒と果実酒の製法の分化、発展の歴史を考えると大変興味深い。

日本の果実酒は、葡萄酒のほかにもいろいろな種類がある。いくつか見てみよう。

桑酒《くわざけ》。養蚕業の衰退とともに身近に桑の木を見ることも少なくなったが、昔の子供はおやつによく桑の実を食べた。今でもジャムにしたものをときどき売っているが、美しい紫色で素朴な酸っぱい味がする。桑酒は本来薬酒であり、桑の根を煎じ、これも麴と酒を加えてつくる。昔から中風に効果ありとされてきた。『本朝食鑑』では桑酒と、桑の実を入れてつくる「桑椹酒《そうじんしゅ》」は別の酒だったが、のちに両者の区別は次第にあいまいになってしまったらしい。『手造酒法』の桑酒の製法は、よく熟した桑の実を選び、擂りつぶし、酒をひたひたになるくらいに入れて、弱い炭火で練って煮つめ、布で濾す。壺に入れ、風が入らぬように口を封印する。必要な時には酒でのばし、氷砂糖を粉末にして、好みの甘さになるように加え、酒を濾して出す。焼酎を半分入れてもよい。いかにも色が美しくて甘そうだ。桑の実が手に入れば一度つくってみたい。

豆淋酒。「ずりんしゅ」あるいは「とうりんしゅ」という。天然着色料として今でも広く使われている黒大豆の酒。よく煎って冷ました黒大豆三合、朝倉山椒(丹波の朝倉産)二匁《もんめ》、砂糖五〇匁、酒一升を一緒にしてつくり込む。砂糖の甘味と山椒の辛味、黒大豆の美しい色が魅力である。ほかにも蜜柑、いちご(木いちご)なども果実酒にすれば楽しいだろう。

『手造酒法』にいくつか挙げられている薬酒は、いずれも漢方の薬酒の系統を引く。代表的薬酒の忍冬酒《にんどうしゅ》の薬効は、当然すべての酒についていえることだが、腹中を温め、食欲を増し、鬱《うつ》の気を払うことだという。忍冬酒は昔から紀伊、伊勢、筑後などの諸大名が家中でつくり、贈答品として喜ばれたが、特に紀州徳川家ではよく忍冬酒をつくった。

製法により味は甘口、辛口、甘辛いりまじったものなどさまざまだが、伊勢の忍冬酒は茨の花、金銀花(スイカズラの漢名)、麹、焼酎を用いてつくるもので、甘味と辛味がまじり合い、濃厚美味だったという。『手造酒法』の製法は、よく干した忍冬花(サルトリイバラの花)二五匁、上質白米の麹一升、焼酎一斗、酒飯のように炊いて冷ました上白餅米五升を用意し、右の四種類をよくまぜ合わせ、瓶か桶に入れて上から落とし蓋をしっかりしてつくる。

同書には、そのほか甘酒の製法もある。ここでは饅頭をふくらませるために、甘酒を使うことも指示している。麹が葡萄酒に、甘酒がパン種に使われるなど、東洋における微生物の使い方は大変興味深い。

第三章　酒造統制と酒屋の盛衰——制限と緩和の間で

酒造統制

原料に大量の米を消費する酒造業は、常に食料と競合せざるを得ない宿命にあった。豊作続きで米が余り、安値の時には酒づくりが奨励されるが、凶作、飢饉で米が足りず価格が高騰すれば、一転して厳しい酒造制限が実施されたのである。

享保、天明、天保のいわゆる江戸時代の三大飢饉を中心に、元禄年間(一六八八―一七〇四)、天明から寛政年間(一七八九―一八〇一)、および天保年間(一八三〇―一八四四)が酒造制限期である。一方、一八世紀の享保末年に豊作で米価が下落して以後、宝暦四年(一七五四)から天明六年(一七八六)まで、および一九世紀はじめの文化文政年間(一八〇四―一八三〇)が酒造奨励期である。江戸時代の全期間を通じて幕府が出した制限令六一回に対し、その解除令は六回にすぎず、全体の基調は酒造制限だったといえよう。ただし税収源、米価の調節機構として酒造業は重要だったから、凶作時でも完全に酒づくりが禁止されることはなかった。

一方酒屋の方は、目まぐるしく変化する酒造統制策に翻弄され続けたといえる。

さて、これまで酒造株（酒株）という言葉がしばしば登場したが、ここでもう少し詳しく解説を加えておきたい。幕府の制定した酒造株にはさまざまな種類があるが、明暦三年（一六五七）にはじめて制定されたとされる酒造株は、酒造人を指定してその営業特権を保障するとともに、酒造で消費する米の量の上限（酒造株高）を定めた。酒造人に交付される鑑札は将棋の駒形の木製札で、表に酒造人名、住所、酒造株高何石、裏には「御勘定所」と書かれ、焼き印が押してある。酒造株は同一国内であれば、譲渡あるいは貸借も可能であり、酒屋が経営不振に陥ったり、相続人がない場合、近隣の有力酒屋が酒造株を買い集めて、規模をいっそう拡大する例がしばしば見うけられた。

酒造株の鑑札に表記されている以上の米を消費することは原則として許されなかったが、酒造株高と実際の米消費量（酒造米高）とは一致しないのがふつうで、しばしば酒造米高が酒造株高を大きく上回り、その隔たりは次第に拡大していった。

酒造株高、酒造米高を正確に調査、把握してこの隔たりを是正するために、幕府は寛文六年（一六六六）、延宝八年（一六八〇）、元禄一〇年（一六九七）と、一七世紀後半は三回にわたる「酒株改め」を実施した。

とくに元禄一〇年の酒株改めは全国で徹底して実施されたようである。元禄一〇年の酒株改めに関する資料は各地に数多く残されているが、調査は大都市では選ばれた有力酒屋が、地方では村役人が行った。まず酒屋の届けた石高を帳面に記載して判を押す。つくりかけ、あるいは売れ残った酒は翌年の勘定にくり入れる。造石高に応じて、酒造道具のうち、三尺桶、四尺桶、壺代《つぼだい》など主な桶の数を調べて、焼き印を押す。それ以外の桶は使えない。また廃業したり、酒造道具の売却、貸借をする者には届け出させた。以後、この時の数値をもとにして、凶作年にはその二分の一とか、五分の一にまで酒造が制限された。

酒株改めが実施された元禄一〇年には、実は飢饉による食料不足だけが理由で酒造制限令が出されていたわけではない。調査の本当のねらいは、酒屋の造石高を把握して課税を強化し、幕府の財政を少しでも改善することにあったようだ。同年幕府は、造り酒屋に対して酒価格の五割もの運上金(営業税・免許手数料など)を課すことになった。

この時の状況は東北八戸《はちのへ》藩の記録に詳しいが、大変な騒ぎだったようだ。

江戸では一〇月八日、諸大名の留守居が勘定奉行萩原近江守に呼び出され、八戸藩からは柴田藤左衛門が出向くと、全国すべての造り酒屋に対して運上金、つまり営業税を課することになった。この運上金分を上乗せし、今までの五割増しの値段で販売せよ、とのことで覚書一通を手渡された。「酒の商売人が多く、下々の者がみだりに酒を飲み不届きである、値段を上げて酒を多く供給しないように」とある。財政上の理由のほかに、庶民が酒を飲むのはぜいたくだとの為政者の考えが基本にあるようだ。

しかし一気に五割増しとは大変な値上げである。すわ一大事とばかり、翌九日には覚書の写しが飛脚で八戸まで送られた。この知らせが伝わると、八戸では酒をつくっても値段が高くなって売れなくなると、酒屋が警戒して米を買わなくなり、米価が急落した。

結局、酒屋たちが自主的に生産を控えたため、期待したほどの税収は得られず、生産量が減って、酒価は高騰したが、それで下々の飲酒がなくなるかというと、それでも飲みたい者は飲むのが酒である。幕府のもくろみ通りにはいかない。非常に評判の悪かったこの運上金は、宝永六年(一七〇九)に廃止されている。

ほかにも、幕府による統制の厳しさを物語るエピソードが、同じ八戸藩の記録にある。さらに幕府は元禄一五年に酒造米の量を徹底して調査し、先の元禄一〇年当時の酒造米の量(これを元禄調高という)を届け出させ、それを基準にして、以後宝永五年(一七〇八)に至るまでその五分の一に酒づくりを制限した。四月一九日、江戸から同月七日付の書状が八戸に到着した。先の元禄一〇年と一一年に八戸藩が報告した酒造米の量が一致せず、不審な点があったため幕府から酒造米の調査に人を寄越すという。今回は念入りに記入し、五月中に幕府の勘定所に提出せよという。八戸藩では四月中に急いで報告書を飛脚で江戸に送った。

その後は豊作が続いたため宝暦四年(一七五四)になって、幕府はいわゆる「勝手造り令」によって元禄以来の酒造制限令を解除し、新酒、寒酒づくりともに自由となった。また新規営業も土地の奉行、代官に届け出れば許可されるようになった。以後天明飢饉に至るまでの約三〇年間は自由営業期である。

天明三年(一七八三)の浅間山大噴火以後の数年間は、気候不順から凶作が続き、信州や東北では深刻な飢饉となった。幕府は天明六年に諸国の酒づくりを半減させ、八年には再び酒造株高と実際の造石高との隔たりを是正する目的で「天明の酒株改め」を実施した。そして、天明六年に酒屋に申告させた実際の造石高をもとにその「三分の一造り」を命じた。

松平定信《まつだいらさだのぶ》による寛政改革もあって、酒造制限は寛政年間も継続された。また享和二年(一八〇二)になって、出水、米価騰貴のため「十分之一役米」というものが酒屋に課せられることになった。酒造米の一〇分の一をあらかじめ供出させ、飢饉の際の備蓄米にしようという趣旨だったが、早くも翌年には廃止となった。残されている酒屋の陳情書によれば、事情はこういうことらしい。天明八年の酒株改めの際に申告された酒造米高というのは、幕府が二分の一とか五分の一とかの厳しい酒造制限を実施してくることをあらかじめ見越し、実際よりもかなり水増しして申告されたのだが、十分之一役米はその申告高をもとに課されることになったので、酒屋側はあわてたのである。為政者と酒屋の知恵比べだ。

文化文政年間はおおむね豊作が続き、米が余って逆に酒づくりが奨励されることになった。文化三年(一八〇六)九月、米価が下落して庶民が困窮しているからとの理由で、以後は休株《やすみかぶ》はもちろんのこと、酒造株を所持しない無株の者も届け出れば酒づくりができることになったのである。これは「文化三年の勝手造り令」と呼ばれるが、この時期競うように酒造業に進出した者は、後で大変な苦労を味わうことになった。文政八年(一八二五)、酒造株所有者以外の酒づくりは禁止、同一〇年に一旦解除されたものの、一一年に休株、新規の酒づくりは示達《じたつ》あるまで禁止となったのである。

ここでそれまで無株で酒づくりをしてきた酒屋と、以前から酒造株を所持している酒屋の間で利害の対立が生じた。有株酒屋は無株酒屋の締め出しをねらって仲間内で価格協定を結び、また隠しづくりをする無株者の密告奨励、貸した株の取り戻し、協定に違反して下請けで酒をつくる者がないように相互監視を行った。一方、無株者はそれまで酒づくりに投資した多額の金を無駄にしてはならじと、休株の譲渡を願い出ている。

酒造制限、緩和がたびたびくり返された江戸時代には、酒屋にはかなりの才覚が必要だったにちがいない。

町酒屋と村酒屋

一七世紀のはじめ頃、幕府の政策は酒屋を江戸、京都、大坂などの大都市、その他城下町、宿場町などに限り、在方《ざいかた》、つまり農村での酒づくりを基本的に禁じるものだった。しかしその後の商品経済の進展、幕府の酒造制限緩和にともなって、一八世紀に入ると、米を入手しやすい立場にある富農層の中から酒造業に進出する者が出てきた。近世農村工業の萌芽ともいうべきこうした在方の酒屋と町酒屋の関係を、比較的資料が多く残る信州の各藩について見ていくことにしよう。

上田藩領は上田を中心に東は小県《ちいさがた》郡から西は更級《さらしな》郡南部におよび、石高は約六万石であった。城下町の上田は真田氏が商人を移住させてつくった海野《うんの》町と原町を中核として次第に発展していった。現在上田市内を歩くと狭い町中に何軒も小さな酒屋があり、往時の城下町らしい雰囲気がよく残っている。今は上田市街地となっている房山《ぼうやま》、北国街道沿いの鎌原、また上田盆地西端の上塩尻、下塩尻などは、当時は寒村であった。

元禄一〇年の酒造米高は上田領全体で約九〇〇〇石、そのうち約三五〇〇石が城下の分と推定される。上田城下には三〇〇石以上の酒屋が六軒あった。ところが天明八年の調査によると城下の海野町、原町などの酒屋一八軒中一一軒が休株となっており、この間に休業、廃業した者が多かったことがわかる。逆に主として庄屋、百姓が営む在方酒屋が規模において城下の酒屋を追い越し、二〇〇石以上の酒屋が五軒、中でも上田に近い房山村の嘉十郎(六九六石)、鈴子村の七郎右衛門(五一四石)の進出が目立つ。在方酒屋の酒造米高合計五二五三石に対し、上田城下は一三五五石にすぎない。

この傾向は酒造株の貸借記録にもあらわれている。城下から在方、あるいは在方間での酒造株の移動が激しいことが読みとれる。安い酒造米や豊富な労働力など、有利な条件下で力をつけた農民の酒屋が城下の酒造株を次々手に入れていったのであろう。

ただし、のちの天保四年(一八三三)の資料を見ると、天明八年に城下で休株となった酒屋も全部廃業してしまったわけではなく、一〇〇石未満の小規模ながら細々と営業を続けている小酒屋と、複数の酒造株を所有し、三〇〇石以上になった中規模の酒屋とに二極分化している。一方在方では一五〇〇石以上の、信州としては大酒屋も出現した。

城下と在方酒屋の対抗意識は相当強かったようだ。北信の飯山領では、城下の酒屋が元禄一四年(一七〇一)に、「近郊の百姓たちが他領の酒造株を購入して酒づくりをするのは迷惑であるから、許可しないでいただきたい」と町奉行宛に取り締まり願いを提出している。

信州の在方酒屋の中にはずいぶん巨大な酒屋があり、届け出た酒造米高で見ると、伊那谷では三六〇〇石、あるいは四八〇〇石という例がある。しかし実際の造石高は、こ

旧北国街道に面したこの酒蔵は，現在は酒造博物館になっている．(長野県千曲市戸倉，坂井銘醸)

れを下回る場合が多く、減醸令が出されることを見越して多めに水増し申告することもあったようだ。

南信伊那《いな》高遠《たかとお》領の例だが、中村の北原多蔵と弥勒《みろく》村の北原覚左衛門について明和五年(一七六八)と安永二年(一七七三)の「御払米売立帳」が残されており、伊那谷の在方大酒屋の実態を知ることができる(**表4**)。高遠藩が年貢米を酒屋へ売り渡すいわゆる「御払《おはらい》米《まい》」の規模は二軒で四〇〇〇石と非常に多量であり、酒屋は小藩の有力な財源となっていたようだ。

明和五年にはこの二軒の酒屋が玄米四〇〇〇石を精白して白米三八〇〇石(精米歩合は九五パーセント)、清酒三三六〇石を得ている。全体では白米一石

表4　明和5年中村北原多蔵等御払米造酒売立帳

酒の種類	生産量（石）	値　段（斗／両）	清酒垂れ歩合（石／米1石）
並　酒	2,761	8.52	9.0
「滝　河」	301	7.95	8.5
諸　白	228	7.82	8.0
御膳酒	70	7.14	7.5
総　計	3,360	—	全体で8.84

から清酒八斗八升四合ができたことになる。

並酒がもっとも多く、以下酒銘のある「滝河」、諸白、殿様用の御膳酒と続く。また高級酒になるにつれ、垂れ歩合、つまり一石の米から得られる清酒の量は当然減少していくが、精米歩合の方は意外に高く、玄米をあまり搗《つ》き減らしていない。下級酒の並酒、「滝河」などは片白だろうか。

酒屋経営の収支を見ることにしよう。まず酒の売り上げ代金は四〇〇九両一五匁と多額である。副産物の酒粕売り上げ代金が二二三〇俵分で一八六両、米の精白の際に得られる粉糠《ぬか》の売り上げ代金が八四〇俵分で三五両、合計四二三〇両一五匁となっている。一方支出の方は酒づくりの費用が酒桶三二〇本分四八〇両、信州では荷物を馬で運ぶことが多かったが、この中馬《ちゅうま》による酒の輸送費が一四三両。米代の占める比率は大きく、三四四七両三分五厘、合計四〇七〇両三分五厘差し引き利益は一五九両一分あまり。支出中で原料米の占める比率はきわだって大きい。人件費と酒造道具代も酒造費用に含まれているはずだが、そう多くはない。

毎年これだけの利益が上がるとすると、酒造業は旨味の多い商売といえるが、豊作、凶作による米価の変動、酒の腐造による思わぬ損失が起こることも覚悟せねばなるまい。これは大酒屋の例だが、伊那谷には庄屋、富農が農民や旅人を相手にはじめた村酒屋も多く、遠州街道や三州街道沿いの小さな村々にも大抵一軒くらいは造り酒屋があった。信州酒はほとんど自国内で消費されており、ごく少量が隣接する上州や遠州に積み出されたにすぎない。こうした狭い地域内における町酒屋と在方酒屋の競争は、熾烈だったろう。

ここまでは山国の典型ともいうべき信州の村と町の酒屋の例を見てきた。大産地の集まる関西ではどうだったかというと、たとえば灘(現・神戸市東灘区)も、もとは農村の零細な酒屋から育ったのである。

灘の御影《みかげ》、青木《おおぎ》、魚崎などの村々は、一反以下の土地しか持たない零細な農民が大部分だった。一七世紀後半以降、貨幣経済化の進む中で、これらの農民は稲作だけでなく、麦、綿、菜種などもつくる商業的農業や、あるいは酒造業などの農間余業へと進出していった。

こうしてはじまった灘の酒造業は、やがて享保末年以来の米価の下落、宝暦四年(一七五四)の幕府の酒造勝手造り令による奨励政策のもとで急速に発展し、やがて古くからの生産地をおびやかす存在となった。

灘酒が成功した理由として、江戸への海上輸送に便利な地理的条件、水車精米の導入による高精白化、寒づくりへの集中化による高品質酒の大量生産などが挙げられよう。こうして後発の在方産地・灘は先行していた関西の都市生産地に対しても優位に立ったが、それとともに生産地間の対立、競争も激化することになった。

運ぶ・売る・飲む

生産だけでなく、流通と消費のことも少し書いておきたい。最大の酒消費地はもちろん江戸であり、毎年約七〇万樽、約二四万五〇〇〇石の「下《くだ》り酒」が飲まれていた。上方から江戸へ送られる酒は、最初は馬による陸上輸送、次いで一七世紀後半には各種貨物を混載する「菱垣廻船《ひがきかいせん》」、さらに享保年間以降は酒荷専用の「樽《たる》廻船」による海上輸送にかわった。元禄年間には大坂―江戸間の海上輸送に平均三〇日間も要していたが、幕末になると平均一〇日から二週間にまで短縮された。

下り酒は、造り酒屋↓江戸酒問屋↓酒仲買人↓小売酒屋↓消費者のルートで送られた。江戸の酒問屋には、摂津・和泉の二国を中心に東海地方からの酒も扱う下り酒問屋と、関八州の酒を扱う地廻り問屋とがあったが、下り酒問屋の多くはもともと上方の生産者の江戸出店からはじまった。元禄七年(一六九四)には、酒問屋も、各種業界の同業者組合の連合体で、上方との海上輸送を取り仕切る「江戸十組《とくみ》問屋」に加わった。下り酒問屋は江戸の瀬戸物町、茅場町、呉服町などに合計一二〇軒余り存在したが、たびたび書いたとおり、以後の厳しい減醸令によって次第に減少し、幕末には三〇軒余りになってしまった。

『守貞謾稿《もりさだまんこう》』(一八五三)という書物はすでにさまざまな著作物で引用されているが、江戸の酒風俗に関しては他に適当なものがないので、簡単に紹介しておきたい。本書著者の喜田川守貞《きたがわもりさだ》は文化七年(一八一〇)大坂に生まれ、のちに江戸へ移住した。本書には江戸、京都、大坂三都の幕末のさまざまな生活情報が収められているが、簡単なさし絵が数多くあるので、多くの言葉を費やすよりもはるかにわかりやすい。

まず酒の問屋について。江戸では新川、新堀、茅場町あたりに数軒が軒を連ね、それぞれ大きな問屋だった。昔は摂州伊丹の酒を最上とし、今も伊丹の酒屋は多いが、近年は「灘目《なだめ》」、つまり灘の酒を最上としている。池田も昔は伊丹に次いでいたが、今ははなはだ衰えた。伊丹、池田、灘などをもっぱらとし、尾張、三河などを中国物、その他の国の製品を下品という。京都、大坂は酒の産地に近いので特に問屋を置かない。酒造家から直ちに小売り酒屋に売るのである。京坂の小売り酒屋を板看板《いたかんばん》酒屋という。江戸では升《ます》酒屋というのである。江戸の小売り酒屋としては、鎌倉河岸の豊島屋が有名で、ひな祭りの白酒を売り出す日のにぎわいは『江戸名所図会《ずえ》』にも描かれている(本書「解説」二四八―二四九頁、図参照)。

店で飲食物を売るようになったのは、一八世紀後半の明和年間あたりからで、それ以前江戸の町は、外出時食事のできる店が非常に少なくて困ったという。茶漬屋、そば屋、居酒屋などができ、やがて天秤棒で屋台をかつぐ屋台店が登場した。これらの屋台にはコンニャク、芋の煮込み田楽に燗《かん》をつけた酒を売る「おでん燗酒売り」という商売、春三月の「白酒売り」、アルコールは入っていないが「甘酒売り」もあった。しかし酒だけを売る「酒売り」はなく、「醬油売り」が酒も売っていた。

酒の容器に関する同書の説明は、絵入りできわめてわかりやすい。

角樽《つのだる》。ちょうど角のように把手が出ている。上は朱、下は黒漆塗りで結納の際に用いる。

指樽《さしだる》。後世にはこうした器のあったことを知る人もなくなろう、ゆえに図でのちに伝えるとある。板を組み合わせてつくり、黒漆を塗った角形の樽で、幕末でもほとんど使われなくなっていた。これは遊山《ゆさん》の際、酒を背負っていくのに都合がよい。

徳利は、京坂では五合、一升入り栗色の陶器の貸徳利を、江戸では把手のついた樽か、色が薄いねずみ色の、俗にいう貧乏徳利が使われた。酒屋の屋号が大きく書かれたこの徳利は今でも古物市でよく見かける。

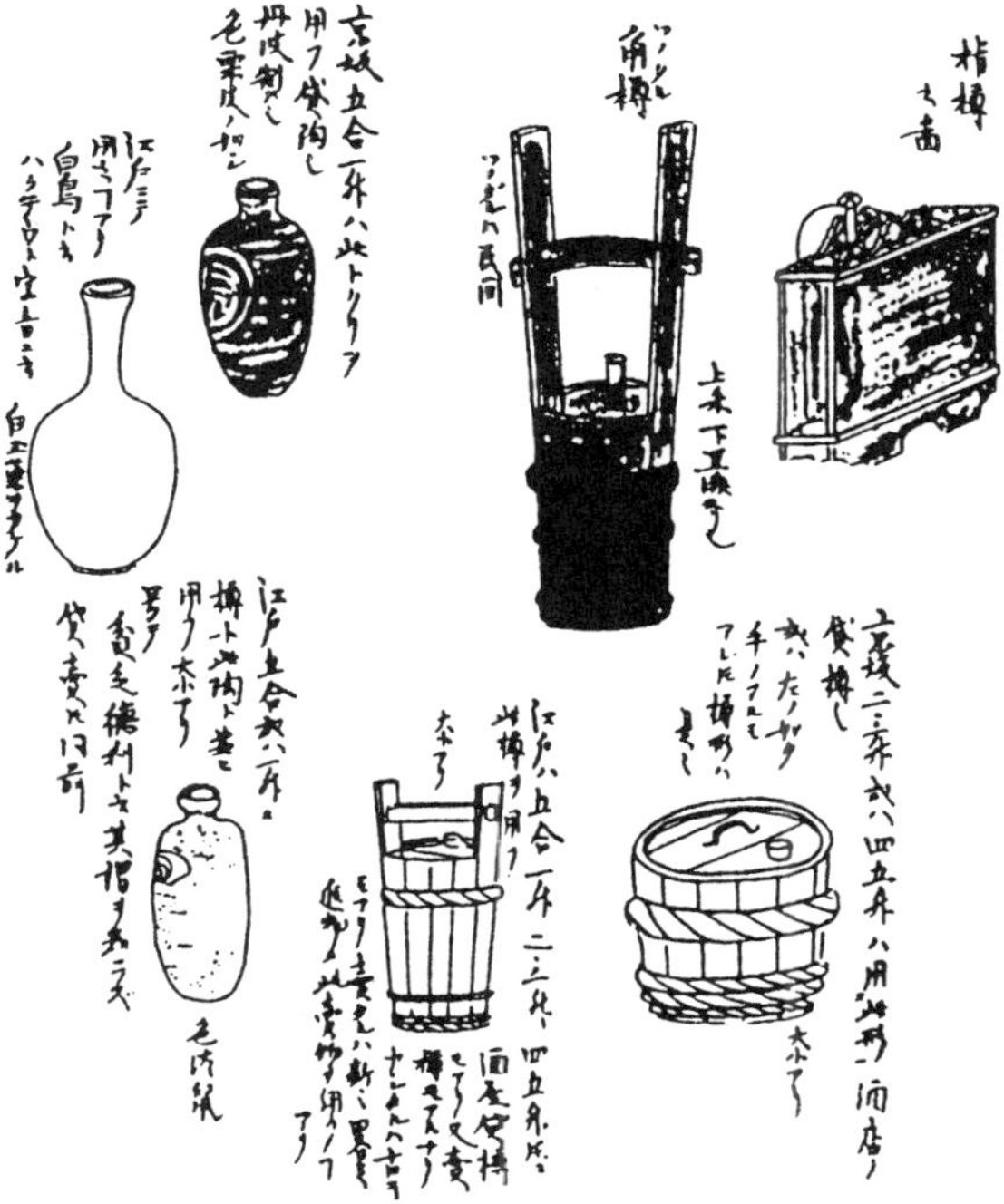

『守貞謾稿』に出てくる酒の容器のいろいろ．指樽，角樽のほか，京坂と江戸の貸し樽と貸し徳利．

昔は瓶子《へいし》に酒を入れ、土器《かわらけ》に注いで飲み干した。錫製の瓶子、「錫《すず》」という語も中世の日記にはよく登場するが、江戸時代の文献では見かけない。

酒はあたためて飲むのがふつうである。日本では、古来燗をつけてきた。九月九日の重陽《ちょうよう》の節句から、翌年三月三日の桃の節句までは酒に燗をし、燗をやめることを指す「別火《わかれび》」という語もある。『守貞謾稿』によると、中古、酒の燗には銅、または鉄製の燗《かん》鍋《なべ》を使い、直火で加熱した。さらに後年のチロリになると把手と注ぎ口がつき、京坂ではタンポと称した。チロリで燗をした酒を移し入れる器が近世の銚子であるが、次第に小型になる。

そして燗徳利の登場となるが、幕末になっても京都、大坂では式正《しきしょう》、つまり正式の膳はもちろんのこと、料理屋、娼家も必ず銚子を用い、燗徳利の使用は稀だったという。一方江戸では式正にのみ銚子を使い、その他の場合には燗徳利で燗をしてそのまま宴席に出した。

徳利と銚子は現在ではほとんど同じ意味で使われるが、もともと両者は別物だった。

直接加熱式のチロリから湯煎による間接加熱式の燗徳利に変わった理由として、銅鉄器を用いないため風味が変わったりせず、酒の味がよいこと、またあたためた酒を別の容器に移しかえてから出す手間が省けるから酒が冷えないことが挙げられている。幕末には、式正で盃(木製の塗りの盃)が一巡あるいは三献《さんこん》の後は、銚子ではなくもっぱら徳利を用い、やがて常にこれを用いるようになると、銅チロリはすたれて、大名でさえ略式の場合は徳利を用いた。京坂でも今はしばしば徳利を用いるようになったが、遠からず京坂で徳利が専らになるだろうとある。その通りで現代は燗酒にはほとんど燗徳利を使う。

酒を瓶子に入れていた頃も、これを受けるのは土器《かわらけ》ばかりではなく、塗りの盃だった。

『守貞謾稿』より．酒器の移り変わり．錫の瓶子から燗鍋，チロリ，銚子，燗徳利へ．かつて，銚子は土瓶のような形だった．

この盃になみなみと酒を満たし、一座を一巡させることを一献《いっこん》と称するが、幕末になると盃も磁器がふえてくる。まだ燗徳利を用いない京坂でも、盃はもっぱら磁器製の猪口《ちょく》である。三都ともに式正にも、はじめは塗り盃、のちには猪口を用いる。こうしてみると、燗徳利に猪口という今の組み合わせが登場したのは、そう古いことではなさそうだ。今では燗酒すらわずらわしく、吟醸酒の冷酒を飲むことが多くなってきたから、飲酒習慣は時代とともに急激に変化しているといえるだろう。

第四章　東北諸藩の酒づくり——鉱山町・寒冷地の酒

赤い電気機関車に引かれて奥羽本線大館《おおだて》駅を発車した下り特急「日本海一号」は、矢《や》立《たて》峠を越え、碇ヶ関《いかりがせき》駅を雪煙を巻き上げながらすべるように通過して行く。車窓から雪景色を眺めながら、重連の蒸気機関車が苦闘していた電化前をなつかしく思い出す。大《お》鰐《わに》温泉駅を過ぎ、リンゴ畑の中をひた走れば目的地弘前《ひろさき》も間近である。

弘前駅のホームに降り立つと二月の東北の寒気はさすがに厳しく、ピリッと肌を刺す。凍りついた雪道に足をとられぬよう気をつけながら、土手町から青森銀行記念館の前を通り、ようやく弘前市立図書館に着いた。目の前に弘前城、遠くに岩木山を望めば、やはり冬の津軽まで来てよかったと心が浮き立つ。暖房のよく効いた新しい郷土資料室の中は、東北の学都らしく大学生、グループで熱心に調査をする人たちで朝からいっぱいである。津軽弁の温かい響きは耳に快い。私も開架式の書棚から青森県の市町村史を次々に取り出し、酒造資料探しに取りかかった。

この数年間は酒造資料を求めて青森、弘前、盛岡、秋田など東北各地の図書館を訪れることが多かった。残念ながら技術に関しては収穫が多かったとはいいにくいが、本章では主に地方資料をもとに、江戸時代の東北の酒づくりから、鉱山町の酒屋、飢饉時の酒づくり、近江商人の活躍、上方《かみがた》流技術の導入などの話題を中心に取り上げよう。

院内銀山

一六、七世紀の日本は世界有数の産銀国であり、石見《いわみ》、生野《いくの》など数多くの大銀山が存在した。秋田では慶長一一年(一六〇六)に院内(現・秋田県湯沢市院内銀山町)に有望な銀鉱脈が発見され、翌年銀山が開かれ、山奥の地に突如大鉱山町が出現した(図7)。院内の人口は銀山を管理する秋田藩の城下町久保田(現・秋田市)よりも多かったという。藩政初期の秋田では、金山として阿仁《あに》、杉沢、大葛、銀山では八森、荒川、院内など多くの鉱山が開かれ活況を呈していたが、中でも院内は大銀山で、藩の財政をうるおす有力な財源であったから、秋田藩は院内銀山を藩直営の直山《じかやま》とした。

梅津《うめづ》政景《まさかげ》(一五八一―一六三三)が院内銀山に山奉行として赴任したのは、慶長一七年(一六一二)といわれる。山奉行というのは、鉱山町の民政、税務、警察、またその周辺の村の税務一切を管轄する重職である。政景が書き残した『梅津政景日記』は、藩政初

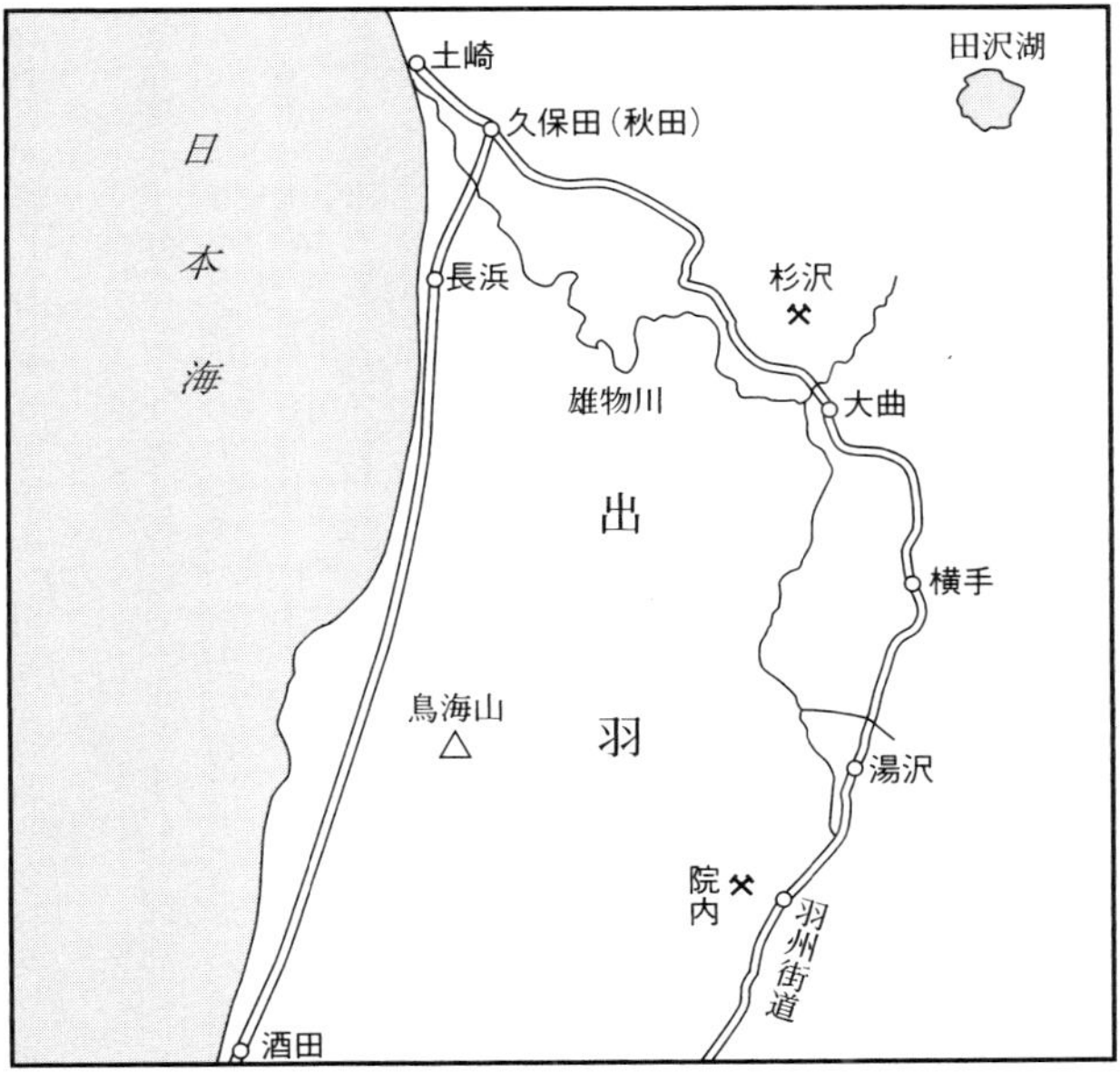

図 7　院内付近略図

期の久保田や院内銀山町の暮らし、江戸や京都と秋田の関係をいきいきと伝える資料である。

政景は天正九年(一五八一)下野《しもつけ》宇都宮に生まれ、兄憲忠《のりただ》とともに常陸《ひたち》の武将佐竹義宣《さたけよしのぶ》に仕えたが、関ヶ原戦後の佐竹氏の秋田移封にともない秋田に入った。阿仁に金山が発見されると、その山奉行も兼ね、鉱山の実務と財務に明るかった。のちに勘定奉行から家老にまで昇進した。藩主佐竹義宣の信任厚く、金銀山運上金の駿府《すんぷ》への運搬、徳川家康の病気見舞い、徳川和子の入内祝賀使としての上洛などの重要任務を与えられ、たびたび各地に出張した。武道は鉄砲射撃、鷹狩り、馬術を得意とし、また連歌、能、茶道、香道など何でもこなす実に幅広い教養を備えていた。『梅津政景日記』の文体は簡明直截で、ほとんど感情を交えることなく書かれているが、武士の日記を読むのは公家や僧侶のものとはまたちがった面白さがある。

さて銀山が開かれるとともに、全国から多数の人間が院内に移住してきた。慶長一七年当時の人口は、老人、子供、女、僧侶を除き三二五四人にも達した。鉱山の経営を請け負う山師、中国地方の鉱山から来た技術者、鉱夫を中心に、彼等を相手にする商人、潜伏中のキリシタン、犯罪者、娼婦など、あらゆる階層の人々が鉱山町に流入した。彼等はその出身国名を取って、たとえば「出雲の捨蔵」などと呼ばれていた。あらゆる人間を受け入れる鉱山町には盗み、けんか、殺人、姦通、逃亡などの犯罪がまことに多かった。日記中の「院内銀山籠者成敗人帳《ろうしゃせいばいにんちょう》」は、これらの入牢者、処刑者のことを政景自身が記録したものだが、鉱山町といういわば底辺の社会にうず巻くありとあらゆるどろどろした犯罪のみにくさ、またこれを処罰する側も、単に「成敗《せいばい》ス」と簡潔に表現しているが、その実態は鼻をそぎ、耳をそぎ、引きまわしたうえ殺すという中世以来の苛酷さで、私は強い衝撃を受けた。

酒造史研究でもあまり手がつけられていないのが、こうした鉱山町など特殊な地域における酒屋研究である。鉱山町というのは栄枯盛衰が激しいから、記録が後世にまで残りにくいが、多数の人間が娯楽も少ない山中で生活するのだから酒は必要不可欠であり、鉱山町には手軽に食べられるうどんなどを売る食べ物屋と並んで必ず造り酒屋があった。慶長一七年の火事では九軒、翌年の火事で三軒の酒屋が焼失しているから、院内銀山町に数軒の酒屋が存在したことは間違いない。

まず鉱山と税金のことを述べておきたい。秋田藩では鉱山町から「運上諸役」というさまざまな税金を取り立てていた。これには、たとえば酒屋から徴収する「酒役」、麹屋の「室《むろ》役」のほか、「煙草役」「麴類役」、また遊廓には「傾城《けいせい》役」というように業種ごとに定められていた。

当時秋田領にはまだ大規模な酒造業はなく、領内全体の酒造米高を年間二、三〇〇〇石程度と推定する研究者もある。したがって「酒役」、つまり酒屋から徴収する税金が藩の財政に占める割合もそう高くはなかったろう。また、酒役は領内すべての酒屋に課されていたわけではない。当初は、土崎港や院内銀山など人が集まる場所の酒屋に限って課されていた。元和五年(一六一九)までは、城下町の久保田ですら酒役はなかった。が、やがて周辺の村酒屋にまで課税が拡大されることになる。

また藩では、「御払米《おはらいまい》」と称して藩の蔵米《くらまい》(領地からの年貢米)を強制的に鉱山町に買わせたが、この御払米は著しく高価だった。御払米以外の米を「脇米」と称し、その持ち込みは厳禁であった。金銀を精製する際に必要な鉛についても同様で、もし米や鉛をこっそり持ち込んだ者が番所で摘発されれば、即死刑であった。

高価な御払米を酒造米として鉱山町の酒屋に購入、消費させるため、元和三年の杉沢金山への一般酒の入山禁止措置に続き、翌年院内銀山でも入山を禁じた。また麴屋からの麴買いを禁じ、鉱山町の酒屋に自らつくらせてさらに徴税の対象とした。このように、考えられるありとあらゆる収奪が行われたが、一方、酒屋の酒造米が不足した折には米を貸与する、余剰酒の鉱山町以外での売却を許す、また火災にあった酒屋の税金は免除するなどの救済措置も講じている。

寛永四年(一六二七)夏に、銀山町でさばき切れなかった酒を十分一《じゅうぶいち》(現・秋田県湯沢市)の番所から松前(北海道ではなく、院内の近くか)へ送りたいと酒屋たちが申し入れてきたが、「殿様の米を買ってつくった酒である、松前はいうに及ばず、湯沢、横手においても自由に売り払ってよい」と寛大に認めている。

狭い谷間に多くの木造家屋が密集する銀山町では、しばしば大きな火事が起きた。寛永七年(一六三〇)、藩では酒屋たちに米一〇〇〇石を貸与したが、翌年春の火事で彼等は酒造道具以下を焼失してしまった。そこで酒屋たちは、「さらに米五、六〇〇石をお貸し下さればこれを元手に酒をつくり、去年の米代も返しますから」と訴え、藩はこれを即座に認め、四日後に四〇〇石を渡した。銀山町全体で米一〇〇〇石というのは、かなりの規模であろう。阿仁金山、杉沢金山にも酒屋があり、同様の課税と保護政策がとられている。

しかし概して鉱山町の酒屋は鉱山の景気に左右されることが多かった。仕込んだ時のもくろみがはずれて思ったほどには酒が売れないこともあり、経営には苦労したようだ。そもそも藩の御払米価格がかなり高く設定されているので、酒が割高になること、その上さらに課税されること、また鉱山の銀産出量が少なく景気が悪くなれば、鉱夫たちが飲む酒の量も減るからであろう。銀山町の外への出荷もそうした際の陳情によるものであろう。

さて、銀山町の外にある小野、横堀(現・秋田県湯沢市横堀)の村にも酒造米高五俵、一〇俵といった小酒屋があったが、彼等村酒屋と銀山町酒屋の規模と税額の違いを示すエピソードを紹介しよう。

政景が院内銀山に赴任した直後、小野、横堀村にも酒役が設けられ、税金を徴収することになった。税額は酒屋を上、中、下の三段階に分け、さらに濁り酒もその対象に加えた。上は一カ月一軒につき銀三〇匁、中は二五匁、下は二〇匁、濁り酒は一〇匁とした。詳しい条件はわからないが、上、中、下の区分は酒造の規模で決めたらしい。

ところが酒役の額が決まってから小野、横堀村の酒屋たち六人が、自分たちも銀山町の酒屋並みに上を二五匁にまけていただきたいと陳情してきた。銀山町の酒屋が「中」なのに、それより明らかに規模の小さいはずの小野、横堀村の酒屋が「上」というのはおかしい。しかし政景は、「銀山は米や薪などが高価でも二五匁である、まして小野や横堀は米をはじめすべてが安価であるから、支払いは容易だろう」と取り合わなかった。ところがこの税金の件はこの後ひどくもめるのである。六人の酒屋は数日後また政景のもとにやって来た。たかが一カ月五匁の差といってはいけない、彼等も簡単には引き下がらない。以下は両者のやりとりである。つまりこういうことだった。

酒屋「自分たちは米五俵、一〇俵ぐらいでつくっている零細な酒屋であるのに、酒役を大酒屋並みに「上」で徴収されて迷惑しております」

政景「上、中、下を調査した時、何故「上」に判をついたのか」

ここで「上」に判をつくとは、上、つまり一カ月一軒当たり三〇匁の酒役支払いを承認して判を押したということらしい。

院内駅前．鉱山跡はここから約４キロ山あいにある．冬は深い雪に埋もれる．

酒屋「「上」に判をつかれたのでは困りますと検査の御役人に申し上げましたのに、御役人がいわれるには、質のよい酒は皆上に判をつくのだ、いや酒をつくる桶の大小を調べ、数を調査して酒役の上、中、下を区別して下さいと申し上げたのですが、結局やむを得ず判をついたのです」

原文はいささか難解だが、酒屋たちにしてみれば酒づくりの規模によって上、中、下を判断してほしいのに、質のよい酒だからと一方的に上にされたのではたまらない、ということらしい。

政景が担当の役人である太田善介に問いただしてみると、たしかに酒屋たちの訴え通りだった。質のよい酒は皆上につけたという。調査の際太田に命じたのは、酒造規模の上、中、下を判断してから判をつかせよということであったのに、と政景はひどく怒り、直ちに太田善介を免職、国外追放とした。

政景のとった以下の処置はなかなか筋が通っている。まず酒屋たちに対しては、

「お前たちの苦情はもっともである。しかし帳面にいったん上とつけてしまった以上、今さらこれを下に直せということはできない。我々が不届きな役人を派遣したことは詫びるので、お前たちは中の分二五匁を支払うことにせよ。上との差額毎月五匁、六軒の四カ月分一二〇匁は我々の私費から支出して弁償する。同行したもう一人の役人嘉兵衛については、今度がはじめてで詳しい事情を知らなかったので、この件は我々の内だけにとどめ、弁償の件も知らせない」

すると今度は他の酒屋たちがこの処置に不満を唱えてきた。政景は今までの経過を説明し、ようやく納得させたが、いつの時代も税金のことになると少しでも安くしてもらおうと皆必死である。

このようにもめた慶長一七年の酒づくりの結果は思わしくなかったらしく、小野、横堀村の酒屋たちはその後秋になって酒造道具を売却したいと相談に来た。政景の裁定は、今の場所において酒造道具を売却するのであれば新たに買い受けて営業する者もあるだろうし、税金も納められるのでよいが、酒役のない他所への売却は認めないというものだった。酒役を徴収できる土地において酒づくりをさせたいという藩の考えが見える。

また、濁り酒については、元和三年(一六一七)に院内の造り酒屋たちから、濁り酒をつくる酒屋には課税されていないので清酒販売の妨げになる、濁り酒についても徴収してほしいとの陳情があり、濁り酒を売る小売り酒屋から一カ月一カ所につき一〇匁ずつを徴収することにした。しかし聟《むこ》取り、嫁取り、稲刈り、仏事など冠婚葬祭の折の濁り酒づくりは無税とした。

ちなみに農民の自家用濁り酒は、防寒のためその必要性を認める藩によって、その後も享保年間まで無税のまま放任されていた。秋田県における自家用濁り酒づくりの伝統は、さらに第二次大戦後まで引き継がれた。「自分がつくった米で濁り酒をつくって飲むのが何故悪いのか」というのが農民の素朴な感情で、これを「密造酒」として取り締まりに当たる税務当局との間でさまざまな悲喜劇が演じられたのである。

元和元年(一六一五)の藩から幕府への口上書は、「秋田は寒冷地ゆえに暖をとるため多くの酒が必要だ」と述べている。こうした考えは東北各藩に共通したもので、もちろん酒は防寒用としても必要だったろうし、米以外には裏作の麦もできず、ほかには目立った産業もない東北地方では、米の付加価値を高める酒造業を奨励し、その育成をはかるのが各藩の方針だった。こうして一七世紀も後半になると、秋田でも酒造業が発展してきた。

しかし、東北は関西にくらべればまだまだ後進地だったようだ。たとえば、酒の計量に欠かせない枡は、京都では秀吉時代の天正年間に新しい「京枡」が制定されているが、東北の地においては規格枡はいまだ普及していなかった。政景の日記によれば、久保田では元和年間に入っても酒の枡目は統一されておらず、庶民は不自由な思いをしていたが、統一枡制定の願いは聞き届けられなかった。

元和二年(一六一六)一一月、たまたま隣国津軽の藩主津軽信枚《のぶひら》から酒を所望する使いが来た。佐竹義宣は一〇〇盃(約四斗か)入りの酒樽二荷《か》(一荷は人が天秤棒でかつぐ樽二個)を贈るよう命じたが、樽屋は御台所その他どこの売買でも一〇〇盃樽の内容量は実際は八〇盃だという。そこで町中から酒樽を取り寄せて義宣の面前で詰めさせたところ、容量がまちまちであったので、新たに枡をつくらせることになった。とんだ恥をかくところだったが、酒を所望されたということは、秋田酒の品質がよかったことを物語るものであろう。

秋田の暮らしと酒

佐竹義宣が常陸から秋田へ移ったのは慶長七年(一六〇二)だが、二年後には現在秋田城のある地に城を築いた。城をとりまく家臣の屋敷、寺社、職人町が整備され、土崎港から商人を移住させて人口も増加した。

経済面でも文化面でも、秋田は意外に関西とのつながりが強かった。土崎港から積み出される秋田の米や材木は、日本海沿岸を敦賀《つるが》へ、ここで陸上げされ琵琶湖岸の大津を経由して京都、大坂へ運ばれた。代わりに関西からは秋田で不足している衣料など日用品が移入された。藩では元和五年(一六一九)、京都の商人大嶋宗喜の周旋により、京都四条柳町に屋敷を購入して買物掛を常駐させ、高級衣料、茶の道具から庭石、砂に至るまで買いつけた。秋田藩の石高は表向きは二〇万石となっていたが、実際にはこれをかなり上まわり、金銀山からも莫大な収入があったから、こうした買い物も十分可能だったろう。政景の日記には京都における買い物の代金が克明に記されている。

佐竹義宣の妹は京都の公家高倉永慶《ながよし》に嫁《とつ》ぎ、また義宣の側室には「京五人衆」なる女性たちがおり、侍女の何人かも京都生まれだった。彼女たちはいずれも年季奉公だったらしく、のちに京都に戻っている。こうしたことから秋田に京都風文化が持ち込まれることになったのもうなずける。

義宣という人物は、虎のように恐ろしく、家臣でもまともにその顔を見た者はないといわれた。武将らしく特に鷹狩りを好んだが、文化的な素養もあり、連歌、能、茶道をたしなんだ。茶道の師匠は利休七哲の一人古田織部である。

当時の武士の娯楽はどんなものがあったろうか。戦国時代が終わって間もない頃だから、家臣たちも武道の稽古に熱心で、鉄砲射撃、馬術大会など実戦を想定した競技がたびたび催された。城内でしばしば催された「茶賭《ちゃがけ》の鉄砲」とは、茶を賞品にする鉄砲射撃大会で、政景もこれに熱中し、朝から晩まで十数発も射ったことがある。茶だけでなく、金鍔《きんつば》(金属製の刀の鍔)、あるいは「銭賭《ぜにがけ》」なる、もっと競争心をあおる賞品を使っての射撃大会も開催された。

茶道も盛んで、武将にとって社交上欠かせない。元和五年の上洛の折に義宣は京都の茶人を招き、また江戸では諸大名が互いに招待し合ったが、こうした場においてさまざまな情報交換や相談がなされたことであろう。朝、昼、晩とひんぱんに行われる茶の湯では懐石料理も出された。また秋田藩の江戸藩邸では、秋田から料理人を呼んで料理の修業をさせ、座敷も新築して諸大名を招いた。こうした社交を通じてやがて江戸風の料理が秋田に伝えられたことだろう。

義宣は茶の道具類にも凝った。京都では茶碗に金箔を張らせ、茶釜を鋳造させた。宇治の上林《かんばやし》など上等の茶は、わざわざ春先に秋田から家臣が上洛して買いつけ、茶壺に詰めて出入りの京都商人大嶋宗喜か、涼しい愛宕《あたご》山上の福寿院に預けておき、晩夏か初秋になって持ち帰り口を切った。

秋田における武士の食生活はどんなものだったか。鷹狩りや鉄砲射撃が盛んだったから、その獲物を食べる機会も多かった。牛馬と違って鳥類は抵抗なく食用にされている。よく登場するのは白鳥《しろとり》である。鉄砲で射ったり、ワナを仕掛けて捕え、一部はお城の濠に泳がせたが、大部分は食用にした。日記には白鳥の「腸《わた》の振舞《ふるまい》」という表現がよく見える。内臓を塩辛状にして食べるものか。ほかは「たゝき」にした。今の鯉のたたきのように外側を火であぶるのでなく、文字通り肉を木の台上で庖丁でたたいてミンチ状にしてから団子に丸め、汁に入れたものらしい。鴨やうさぎのたたき料理は、今も秋田に残っている。

水産物も豊富である。領内の川には秋になると鮭が上って来た。やなで捕えて内臓を取り去り、塩を振った塩引《しおひき》、鮭のすし、筋子《すじこ》などが一〇〇本、二〇〇本単位で江戸藩邸に送り届けられた。しかし、結構なことばかりではない。生鮭をよく食べたためか、義宣も政景も「寸白《すばく》」、つまりサナダムシ、回虫の類が寄生する病気持ちで、時に激しい腹痛に悩まされていたからである。魚ではないが男鹿《おが》半島には時に鯨が打ち寄せられることがあり、切り分けて城内で御馳走とした。

義宣が在国の折の正月元旦の食事は豪華を極めたという。晩には恒例の香会《こうえ》が催された。「十種香」という、香の種類を当てる中世以来の遊びである。ここにも京都の影響が見える。

さて、酒の方はというと、ふだん飲む酒はともかく、高級酒の方は、秋田酒の品質は上方の酒に到底およばなかったようである。元和七年(一六二一)には江戸藩邸用の正月酒をわざわざ奈良まで馬で買いに行かせているし、政景の日記の最後の条では、久保田に来る幕府の役人の接待用に注文した「南都(奈良)諸白」がまだ着かないのにやきもきしているのである。

飢饉と酒づくり

厳しい気候風土のもと、凶作によってしばしば米が収穫できない東北では、酒づくりはいかに行われたのか。鉱山町の酒屋の次は、凶作と酒造統制の実態を見ていこう。

南部八戸《はちのへ》藩というのは、東北諸藩の中でもとりわけ恵まれない藩で、継続的な凶作と飢饉に苦しめられた。寛文四年(一六六四)、南部藩主南部重直《しげなお》は跡継ぎのないまま死去し、紆余曲折の末、藩は盛岡と八戸に分けられることになり、弟の南部直房《なおふさ》が初代八戸藩主となった。

領地は八戸を中心として三戸《さんのへ》郡、九戸《くのへ》郡のほか、飛び地として盛岡の南に志和《しわ》(現・岩手県紫波郡紫波町)郡があり、合計八三カ村であった。表向きの石高は二万石となっていたが、領地の大部分は、夏には太平洋から冷たい偏東風《やませ》が吹く貧しい土地で、もともと米作には適さなかった。

小さな八戸藩は最初から不幸につきまとわれた感がある。藩内部の抗争と、その結果らしいと噂された藩主南部直房の突然の死、五代将軍綱吉に気に入られ側用人《そばようにん》にまで出

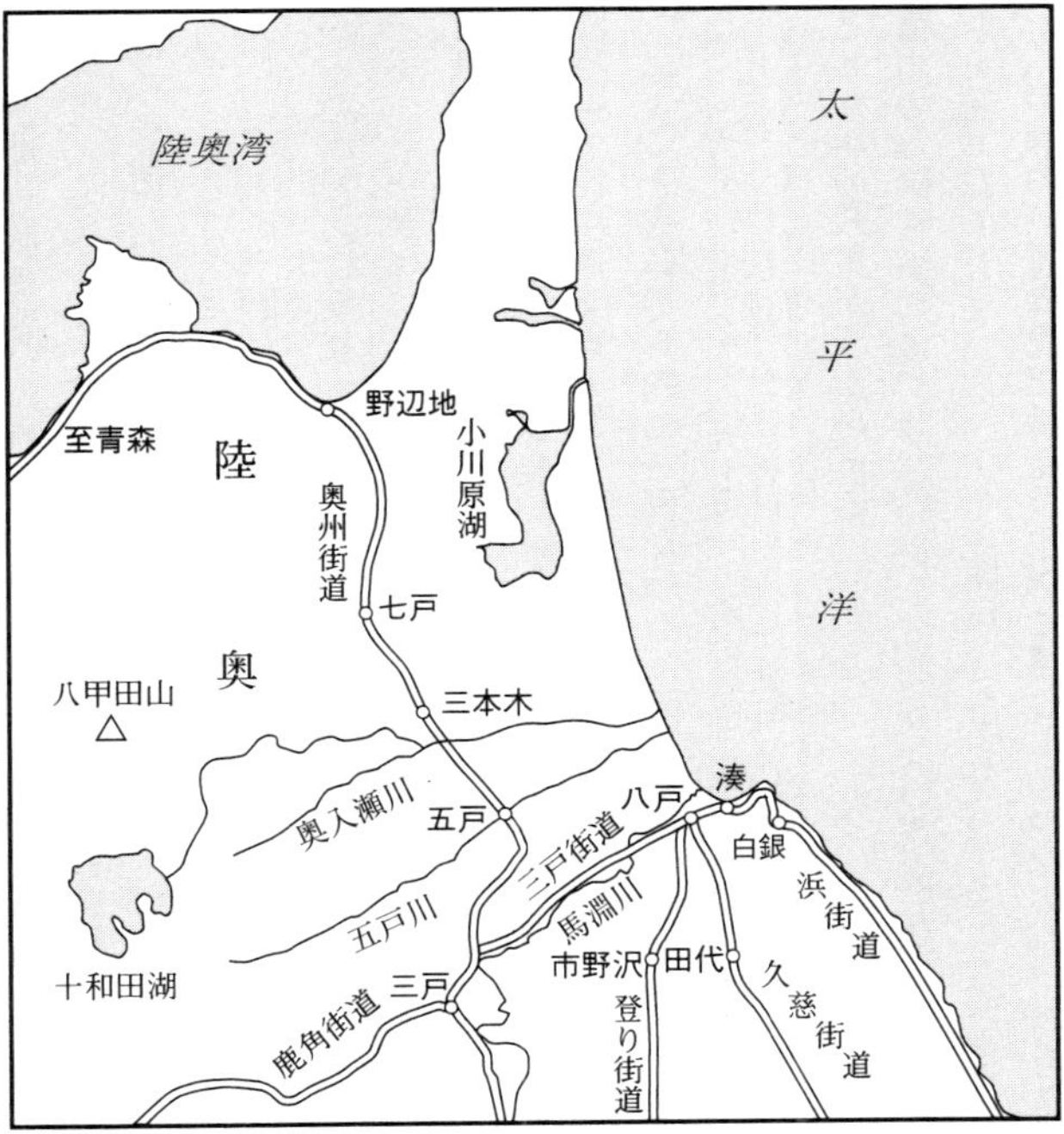
陸奥湾
太
平
洋
野辺地
至青森
陸
小川原湖
奥州街道
七戸
奥
八甲田山
三本木
湊
八戸
奥入瀬川
五戸
三戸街道
白銀
浜街道
五戸川
馬淵川
十和田湖
市野沢
田代
鹿角街道
三戸
久慈街道
登り街道

図8　八戸付近略図

世した二代藩主南部直政《なおまさ》の若くしての病没、加えて地震、風水害、冷害、飢饉など、数多くの天災、人災が藩を襲った。さて、『八戸市史史料編』に収められた八戸藩の公用日記、『八戸藩日記』の元禄八―一〇年、一四―一六年の記事をもとに元禄年間の八戸の生活をたどることにしよう。

城の北に馬淵《まべち》川、東に太平洋、南に丘陵と三方を天然の要害に囲まれた八戸市街地は、北東から南西方向に細長く延び、町人町には三日町、八日町、十一日町など主に市の立つ日を示す名称がつけられていた(図8)。

造り酒屋の数は貞享四年(一六八七)に一三軒、元禄九年(一六九六)に一四軒と、一〇軒余りだったが、以後享保一〇年(一七二五)には大きく増加して二一軒となった。しかし、以後は停滞ないし減少気味で、幕末嘉永二年(一八四九)には七軒となっている。『八戸藩日記』によると大体各町内に一軒ないし二軒の造り酒屋があり、その多くが質屋を兼ねていた。一方で延宝三年(一六七五)、隣の盛岡領からの酒移入が禁止され、五戸《ごのへ》から酒を持ち込んだ者が逮捕されているから、他国の酒の移入を禁じ、八戸酒を保護、育成しようとした藩の政策がうかがえる。

殿様用の「御膳酒」は、藩が発足して間もない寛文五年(一六六五)には盛岡藩領五戸に使いを送り購入しているが、「上諸白」とあり、すでに五戸では上質の諸白が入手できた。八戸酒の品質はまだ満足な水準に達しなかったのか、同七年、八年にもはるばる盛岡の酒屋角屋方へ御膳酒購入のため人を派遣した。

八戸産の酒を江戸藩邸の御膳酒としてはじめて送るのは貞享四年(一六八七)のことで、三〇樽の内訳は、御膳酒のほか、薬酒の桑酒、直し諸白(酸を中和した諸白か)で、あらかじめ唎《き》き酒をした。このことは寛文年間から二〇年間の八戸酒の品質向上を示す出来事だが、不幸にもこの年領内は凶作で、飢えた農民は酒どころではなく、盛岡領五戸の山中まで出かけて葛を掘り取ってしのぐありさまだった。

本来熱帯性の作物である稲を寒冷な東北の地で栽培することは、数年に一度は凶作、飢饉に見舞われることを覚悟せねばならない。その時いかなる状況が生まれ、酒づくりはどうなるだろうか。

元禄年間の八戸は、ほぼ毎年のように天候不順、凶作が続いた。元禄八年(一六九五)は二月八日の昼から九日夜にかけて江戸で大火があり、江戸藩邸も焼失するという最初から不運な年だった。六月に入ると家中の倹約令が出された。振舞いは堅く法度《はっと》、婚礼の際も食事は一汁三菜まで、料理はありあわせのもので軽くせよ、衣服を新しく仕立てるな、等々まことに細々としている。こうした倹約令はその後もくり返し出された。

七月に入ってからは長雨が降り続き、田の苗には虫がついて、天候回復を願う日和乞《ひよりごい》、虫除《むしよけ》祈禱が行われた。また凶作を見越し、領内の穀物移動を禁じる「穀留《こくどめ》」が実施された。八月一日、ようやく晴天となり、これは祈禱の効果かと喜んだのもつかの間、以後は再び雨天、曇天続きで、いよいよ凶作の様相が強まってきた。海も不漁、餌不足のためか山では猪が大暴れした。

このような年はまず食べる米を確保すべきだから、八月からつくりはじめるその年一番づくりの新酒は禁止通達が出され、領内各地には米の収穫量を調べる「穀物改《こくもつあらため》」のために役人が派遣された。藩では種々協議するが、一向に有効な対策は見出せない。そうこうしているうちに隣の津軽、秋田藩領からは飢民が乞食となって多数流れ込んできた。九月に入ると麹づくりと濁り酒づくりも禁止され、麹づくり用の室《むろ》も封印されてしまった。

飢えた農民たちは隣の盛岡藩領五戸、七戸で葛やわらびを掘り取らせていただきたいと願い出てきた。藩はただ節約を命じるのみで、武士も米を粥にして食いのばし、給与の扶持米《ふちまい》もないから代わりに粟《あわ》が支給された。

新酒づくりは禁じたものの、年貢米を酒屋へ売却した際の代金は藩の貴重な財源である。こうした飢饉の年も酒づくりを全面的に禁止してしまうことはできない。米が足りない太平洋岸久慈《くじ》の酒屋たちには、米を例年の半分から三分の一に減らして酒をつくらせることにし、原料米には八戸藩の飛び地志和(紫波)の米を充てることになった。凶作で食べるにも事欠くこの年、八戸から一二〇キロ南に離れた志和からははるばる馬で輸送されて来る年貢米の三分の二、三五〇〇駄(米の場合、一駄は二俵)もが酒づくりにまわされることになった。しかしこの志和米は輸送の問題もあってか、途中かなりの量を盛岡で豪商村井新七に売り、藩はその代金五〇〇両を江戸へ送って窮状をしのぐことができた。

一一月に入って八戸城下の三日町、八日町、近くの葛巻《くずまき》町、軽米《かるまい》町、大野村などの酒屋にもようやく酒づくりの許可が出されたが、いずれも規模は三〇石余りに制限され、必要以外の酒桶は封印されてしまった。年末になって定められた酒の値段は、諸白一升一〇〇文、片白一盃一七文、並酒一盃一四文と高価なものになった。無論、飢えた領民には無縁のものであったろう。

元禄一五年から一六年にかけての状況はさらに深刻だった。一五年は年初から家中倹約令が出され、今のリストラではないが勤務成績不良の家臣は退職させることになった。その分また「貸上《かしあげ》」と称して、財政難の折から一度支給した俸給の一部を返還させた。その分は後で必ず返すからとか、今年限りでもうしないなどという約束は全く当てにはならず、貸上はたびたびくり返された。二月一一日、江戸ではまた大火があって、被害は青山から品川あたりにまで及び、麻布の八戸藩邸はまたも焼失してしまった。藩の窮乏はひどく、この年江戸へ出立する藩主の旅費捻出すらままならなかったのである。

七月一七日、田向村では最初の行き倒れ人が出た。年の頃八〇歳ばかりに見える老人で、外傷はなく、餓死と判定された。持ち物はかます（むしろを二つ折りにして袋状にしたもの)の中に麦が一盃、手斧《ちょうな》一本、銭二〇〇文だけだった。日記の天候記録だけを追っていると晴天の日も結構あるのだが、凶作にはちがいなく、八月二二日には穀留となった。翌月閏《うるう》八月に入ると洪水で馬淵川の橋が落ち、地滑りも起き、久慈や軽米では早くも霜害が出た。八戸領内の米の作柄を残らず見分してきた小田嶋庄左衛門が詳細な報告をしたが、例年なら頼みの綱となる南の志和も今年は凶作で、事態はいよいよ深刻になってきた。今年の酒づくりは新酒のみならず、寒中につくる寒酒《かんしゅ》も禁止である。九月に入って天候はやや好転するかに見えたが、もう米は実らない。やがて北の方から大勢の浮浪者が領内に流れ込んで来た。山でも食物が不足しているのか、熊が大暴れして負傷者も出、九月も末になると各地で行き倒れ人が続出した。

酒づくりの禁止で仕事がなくなってしまった八戸二十八日町の麴屋又四郎は、このままでは食べていけない、酒麴の代わりに、せめて御家中の味噌麴づくりだけでも命じていただきたいと願い出て許可された。

また一〇月二一日の浦通《うらどおり》の漁師たちの訴えは、

「先年元禄八年の飢饉の際には濁り酒づくりが一旦禁止されたが、願い出により許可された。今年も御法度《ごはっと》ではあるが、漁師は水上で仕事をするから少々食事をしなくとも濁り酒さえ下されば寒さを防ぐこともできるので、湊《みなと》通に濁り酒屋二軒を開業していただきたい。決して商売にはせず、自家用に飲むものだから」

と述べている。

濁り酒は漁師、農民にとっては防寒あるいは滋養のために必要だという理由づけは、東北地方の文献資料を読んでいるとよく出会う。濁り酒には為政者も比較的寛容であり、あっさりこうした願い出を許可することが多い。そこでこの年、湊で一軒、白銀村で一軒濁酒屋が営業をはじめた。規模は一カ月に七斗五升入りの米三〇駄(一駄＝二俵)とし、麴づくりは先に生活の困窮を訴えてきた麴屋又四郎が当たることになった。

もとより農民、漁師は高価な清酒などは買えなかったが、彼等を相手にする濁酒屋という商売があり、その多くは麴屋でもあった。こちらは大掛かりな酒造道具が不要だったからだろう。これ以外に農民による自家用濁り酒の密造という、東北地方特有の事情があるが、庶民の酒消費の実態はなかなか把握しにくい。

江戸時代の農民の生活を考えてみると、地域によって大きな差があろうが、泰平な元禄の世にあって、米をつくりながら天災と為政者の無能ゆえにそれを食べることもできず、稗《ひえ》や粟で飢えをしのがねばならなかった八戸領の農民などはもっとも悲惨な境遇だろう。農民の口には米が入らず、納められた年貢米の一部が酒屋に売却されて酒になり、売却代金が江戸へ送られてしまったことはまことに痛ましい。しかし、人間はこうした飢饉の最中でも、なお酒を求めるもののようである。

近江商人の酒屋

醸造業界には、江戸時代に近江商人がはじめた酒屋や醬油屋が今日でも数多くあり、俗に「江州蔵《ごうしゅうぐら》」とか「江州店《ごうしゅうだな》」とか呼ぶ。今日でも経営者は滋賀県に住み、各地にある出店の管理はすべて支配人に任せ、蔵人は地元の労働者を季節雇用するという特異な経営を続けているところがある。

北関東から東北地方にかけての酒屋で現在まで続く江州蔵は、群馬県藤岡市の岡与酒造(「花泉《かせん》」その後廃業)、茨城県常総市の山中酒造店(「一人娘」)、青森市の西田酒造店(「喜《き》久泉《くいずみ》」、「田酒《でんしゅ》」)などである。東北地方の酒造業について調べていると、八戸でも盛岡でも彼等近江商人の大きな存在が見えてくる。

彼等の出身地はおもに近江の日野(現・滋賀県蒲生郡日野町)や五個荘《ごかしょう》(現・滋賀県東近江市)である。関ケ原戦ののち、秀吉配下の武将蒲生氏郷《がもううじさと》は近江から東北の会津若松へ移ったが、その折に領民もつき従い、荷物を背負って近江から中山道沿いに北関東の町や村を経て会津まで往復し、その土地で不足している商品の行商をはじめた。商売の方法は、どこでもまず関西から古着や木綿を持ち込み、農民を相手に古着屋や質屋を開業したという。やがてその土地の産物を江戸や大坂に送る移出入業や、儲けの多い酒、醬油の醸造業へと進出した。彼等は卓抜した商才、持ち前の勤勉さ、節倹によって大きな財をなした。

南部地方では城下町盛岡や、その南の志和に次々と酒屋を開いた村井一族が有名だった。また八戸では元禄年間以降に商売をはじめた二十三日町の美濃屋、三日町の近江屋、八日町の湯浅屋なども近江商人の酒屋で、土地の特産品である紫根《しこん》、大豆、魚油、俵物《たわらもの》（フカヒレ、ナマコなど）の移出も行っていた。

さて盛岡で財をなした村井一族は、近江でも琵琶湖西岸の現高島市大溝の出身である。村井権兵衛が盛岡にやって来たのは寛文二年（一六六二）と伝えられるが、彼は先に盛岡に定住していた親戚の村井新七（元禄八年の飢饉の折、八戸藩の志和産年貢米を購入した）を頼ってここに奉公したが、やがて独立し、志和に本拠を置いて延宝五年（一六七七）に酒屋をはじめた。各地に次々と支店を開き成功を収めたが、志和の近江屋、日詰《ひづめ》の井筒屋、盛岡の井筒屋などが村井権兵衛一族のものである。同家の酒造関係資料は比較的よく残っており、近江商人による酒屋経営について多くの手がかりが得られる。

前項「飢饉と酒づくり」でも述べたように、志和は盛岡藩領内に残された八戸藩の飛び地であり、ここで収穫される米は、飯米、酒造米としてきわめて重要だった。村井権兵衛は、この志和で酒づくりをはじめた翌年から新酒を販売した。寛政一〇年（一七九八）までの記録が残る同家の『永代覚日記《えいたいおぼえにっき》』によると、元禄一〇年（一六九七）には、それまでの酒価の五割にも相当する運上金を課する旨の通達があり、はるばる八戸から役人が出張して来て、酒屋の所有する酒桶数の調査が行われた。酒桶はふつうその深さによって「何尺何寸桶」というふうに呼ぶが、酒桶の容量と数をもとに一軒ごとの年間造石量が算定された。

近江屋が所有するのは、容量一六石の六尺桶二本、一二石の五尺五寸桶四本、八石の五尺桶一本、六石の四尺五寸桶一本、四石の四尺桶一本で、それより小型の桶は除外され、結局総石高九八石と認定された。志和近江屋の造石高はその後も三〇〇石を超えることはなく、南部地方では中くらいの規模だったが、そのうち自家醸造分は最高でも一五八石どまりで、残りは近在の小規模酒屋に生産を委託していた。

近江屋の酒の販売先はおもに近くの盛岡城下だったが、八戸藩領の方が酒の公定価格が高く、盛岡藩領内では不利になるため、特に願い出て盛岡藩領と同一価格で販売する特例を認められている。

注目すべきことは、志和の酒がはるばる江戸市場へ出荷されていることで、まず寛政八年(一七九六)秋、盛岡大工町の高木屋久右衛門の仲介により江戸両替町伊達三郎兵衛から酒五〇〇〇石購入の打診があった。この時期江戸へ入津《にゅうしん》する酒は制限され、従来から江戸への出荷に実績のある摂津、和泉などおもに関西の一一カ国以外の国の酒は禁じられていた。そこで江戸藩邸への御用酒という名目で出すことにして許可を得、舟で北上川を黒沢尻《くろさわじり》(現・岩手県北上市)から石巻《いしのまき》に下り、海路江戸まで輸送する計画を立てた。「口味酒《くちみざけ》」つまり見本酒をまず四石送ったが、この年の取引は結局不調に終わったようだ。

寛政一〇年(一七九八)の江戸橘町大坂屋庄助との清酒二〇〇石、酒価にして二三〇〇貫の取引は順調に進んだ。価格は八戸藩の公定価格をやや上回る程度のもので、輸送費を加えると実際には引き合わなかったし、八戸藩への御礼、名目を御用酒とすることについて盛岡藩の了解とりつけなど、手続きは結構面倒だった。地元での売れ行き不振の打開と新市場の開拓をねらったものだが、志和酒の江戸への輸送は一時的なもので、以後も続けられた形跡はない。

『初学勘定考弁記《しょがくかんじょうこうべんき》』は、近江出身の三代目村井権右衛門勝富が志和の近江屋で二年間奉公したのち、宝暦一〇年(一七六〇)故郷に戻る際に従兄の村井白扇から餞別として贈られたと伝えられる書で、商売に関する要領を示し、以後経営の指針として使われた。酒屋、質屋の経営、酒・味噌・醤油の製造法、その他産物のことなど、近江屋の経営内容全般を知ることができる。寛政九年(一七九七)の写本が現存するが、下巻「酒屋一式之事」に酒屋の経営と技術が述べられている。ここには志和と郡山の村井家の酒屋の生産費が示されている(**表5・表6**)。

表にはいずれも酒造米代は含まれていないが、もちろんこれがもっとも多いはずであ

表5　志和の酒屋の支出内訳

300石造御礼銭(税金)	250貫	41.69%
飯米32.5駄分(従業員食費)	39貫650文	6.61
春木60間分(薪代)	61貫945文	10.33
頭司給銭(杜氏給与)	35貫	5.84
蔵廻り米春《こめつき》給銭(精米代)	80貫921文	13.50
小物品々入方(雑費)	132貫　78文	22.03
合　　計	599貫594文	100

65仕込，1仕込につき9貫224文．(1貫＝銭1,000文)

表6　郡山の酒屋の支出内訳

御礼銭	250貫	48.10%
飯米30駄分	34貫818文	6.70
春木60間分	78貫	15.00
頭司給銭	50貫	9.60
小物品々入方	107貫314文	20.60
合　　計	520貫132文	100

酒8石仕込みで64回分．1仕込につき8貫127文．

る。また「御礼銭」と称する税金が占める比率も著しく高く、昔も今も酒は税金のかたまりである。一方人件費の比率は驚くほど低い。精米代、杜氏の給与ともに安く、労働力はいくらでも集めることができた。

酒づくりに占める米代については、宝暦から明和年間にかけて同じく近江出身の小野組『万歳帳』、享保一七年(一七三二)から宝暦四年(一七五四)にかけての井筒屋『勘定帳』を検討された宮本又次氏の研究があるが、支出中に米代が占める比率は七一―八五パーセント、また税金が八―一九パーセント、人件費を含む諸費用七―一一パーセント、残りが販売費で、いずれも人件費の額は大したものではない。

一方収入は、酒のほかに副産物である酒粕と米糠《ぬか》の売り上げがある。それを合わせれば三〇〇石規模の酒屋で、多い年には六五〇貫もの収益が上がるのだから、酒が腐る危険が常に伴うとはいえ、酒屋が儲かる商売であることは間違いない。それゆえに藩の財政危機ともなれば真っ先に目をつけられ、さまざまな名目で金をむしり取られることになる。たとえば日詰の井筒屋は、宝暦五―六年(一七五五―五六)の凶作に際して藩の物入りが莫大となったために、四〇〇両もの「御役金銭」を上納している。

近江商人は自ら技術者として酒づくりをすることはなかったが、早くから酒を江戸へ移出したことにも見られるように、酒屋の規模こそ大きくないが、ただ堅実なだけでなく、積極的な経営センスを持っていた。それゆえに腐造や統制、高額の税金などリスクが高く浮沈の激しい醸造業界にあって、多くの江州蔵が今日まで長続きしたのであろう。

関西流技術と藩営工業

奈良の僧坊酒にはじまる近世の酒造技術はやがて各地に「〇〇諸白」なる名酒を誕生させたが、関西流の酒造法は近畿からもっとも遠い地である東北地方に、いつ頃どのようにして伝えられたのだろう。東北に播かれた種子はうまく実を結んだだろうか。

東北地方の酒屋に関西の杜氏が招かれて技術指導を行った例は、第二章で見たように一七世紀末の元禄年間にいくつかあった。その後天明三年(一七八三)の大飢饉は東北の農村に深刻な打撃を与えた。各藩は都市の商人からの莫大な借金を抱えて財政が窮乏化していたから、一八世紀末の寛政年間に入ると東北各藩は根本的な藩政改革に着手せざるを得なくなった。会津、米沢、弘前、秋田藩で行われた改革は、財政の緊縮化、疲弊した農村の立て直し、殖産興業政策の推進、藩士教育の充実などだったが、その結果この時期各地に特産品が誕生した。こうした藩の殖産興業政策の一環として、酒造業の振興にも組織的に技術者と資金が投入され、本格的な品質向上が試みられた。残念ながらこれらの試みはほとんど失敗に終わったが、その原因について考えてみたい。

関西からの酒造技術導入が最初に実施されたのは恐らく仙台藩においてであろう。藩主が飲む酒を「御膳酒」、御膳酒をつくる酒屋を御用酒屋と呼ぶが、仙台藩では奈良出身の榧森《かやのもり》家が代々御用酒屋を務めた。初代榧森又右衛門が慶長一三年(一六〇八)、柳生但馬守の紹介で伊達政宗に是非にと召し抱えられ、「城内詰御酒御用」を命じられたのがはじまりである。その頃はまだ伊丹や灘が名醸地になる前で、酒は奈良産が第一等だったのである。

城内三ノ丸の清水が湧く場所に五間×一六間の酒蔵を建設し、毎年四五〇石の酒造米が無償で与えられ、酒造道具一式、労働力、榧森の住居まですべてが提供されるという破格の待遇だった。こうして仙台において奈良流酒づくりが開始され、さらに榧森の推薦により奈良から岩井家も呼ばれることになった。

榧森家の名酒忍冬酒《にんどう》（薬酒の一種）は、伊達政宗上洛の折に従った又右衛門が京都において製造の秘法を伝授され、末々まで他にもらさぬようにと命じられたものという。

榧森家の当主は藩主の意向を受け、たびたび技術習得のため奈良に赴いた。修業の出張は数十年に一度の間隔であり、年々進歩していく関西の技術に追いつくためだったのだろうか。まず享保一七年（一七三二）六月に榧森家の奈良での師匠にあたる桝屋六兵衛がはるばる仙台まで来て、奈良流酒造法を六代目与左衛門に伝えた。しかし口伝だけでは不十分で、実地に奈良で酒づくりをしてみる必要性を感じたのか、与左衛門は同年一一月から翌年三月まで奈良に滞在し、酒造法を学んだ。藩主の期待に応えるためだろう。その際土産に南部諸白の樽を献上した。

残念ながら与左衛門が学んだ技術の内容は一切不明だが、最新技術導入の成果はあらわれ、二年後には御膳酒「勝の井」、五年後には御膳酒「玉ノ井」「夏井」「中汲《なかぐみ》増井」「薄濁《うすにごり》永井」と、すべて銘に「井」のつく酒を矢継早に献上した。特に新御膳酒「壺ノ井」は、

「国の酒にこのような酒があるとは思わなかった」

と藩主に絶賛された。その他奈良名物「みぞれ酒」もつくった。

八代目榧森市郎右衛門も、安永四年（一七七五）自費で奈良に赴き、酒造法を残らず見聞した。まことに積極的である。やがて榧森から酒造法を学ぶ仙台領内の酒屋が相次ぎ、

仙台酒の品質も少しずつ向上していった。

　榧森家は、当初は毎年酒造米を藩から支給された。寛文から享保年間の清酒と酒造米の関係を見ると、米一石に対し下級酒の場合清酒八斗、諸白は六斗五升、御膳酒は四斗六升一合を得ており、米をかなり搗《つ》き減らして品質のよい酒ができたことがうかがえる。榧森家の酒はすべてが藩主用ではなく、「市中払い」と称する一般販売用の酒もあった。

　このように一見すべて恵まれた御用酒屋だったが、榧森家の経営は次第に苦しくなっていった。仙台藩の財政状態の悪化にともない、まず酒造米以外の労働力と消耗品費の支給が打ち切られ、もともと小規模な御用酒屋が一部の酒を市販するだけでは引き合わなくなった。また伊達政宗時代に建てた酒蔵、酒造道具も次第に老朽化して破損が目立ち、修理費がかさむようになった。御用酒屋の維持は、財政難の藩にとっても重荷である。また榧森のほかに岩井、浅賀、新沼家など市中の有力酒屋が御用酒屋に取り立てられるに及び、榧森家だけを優遇する理由もなくなっていた。それでも榧森家は細々とではあるが、明治の初年まで藩主のための酒づくりを続けた。

　このような限られた量の御膳酒をつくる御用酒屋ばかりではなく、その地域の酒屋全体の水準を向上させ、他国への移出をはかる動きもあった。

　秋田の土崎港から船に積まれた「登《のぼ》せ米」(大坂廻米)は、日本海沿岸を敦賀、大津を経て大坂市場へ運ばれた。秋田藩にとってこの登せ米は有力な財源で、西廻り航路が開かれた一七世紀後半には、その量は一〇万石前後に達したといわれる。

『秋田市史上巻』には、元禄の頃久保田に在住した浪人渡辺九郎右衛門が、酒造業の振興とこの海運による酒の国外移出を藩に献策したことが述べられている。渡辺の意見は、

「ここ五〇年来の領内の様子を見るに、阿仁《あに》や比内《ひない》の山林も切り尽くし、各地の金銀山の産出量も減少してきたので、もはや米だけに頼っている状況である。そこで領内においで酒を勝手につくらせ、船で上方や他国へ『沖出《おきだ》し』とし、商売するよう命じられれば、酒は米の値段の高下による影響も小さいであろうから、米を売るより安定した商売である。移出にあたっては、生酒一斗につき税金銀一匁を徴収してはいかがか。他国では生酒一斗は銀一〇匁の価値であるから、領内産の酒を一斗につき銀七、八匁で売れば、一石では七、八〇匁となる。原料となる領内の秋米は一石が銀二五匁として、税金を一〇匁、さらに麴代、酒樽、莚《むしろ》、縄の代金、さらに運賃を加えて二〇匁としても、諸経費は生酒一石当たり五五匁となり、利益があろう。米一石からつくる酒で税金銀一〇匁が得られれば、米一石当たり徴収する銀四匁の現行よりはるかに有利であり、酒一万石では銀一〇〇貫の助けとなろう。大体上方、他国向けの安酒であるから、一〇万石はいけるだろう」

梅津政景の時代から数十年を経て、鉱山の金銀産出量は低下し、また濫伐によって秋田杉の美林も荒廃していたのである。年貢米から家臣への扶持米、また、鉱山、材木山の支出を差し引けば歳入不足となり、秋田藩の財政は慢性的な赤字になっていた。しかし渡辺の献策が取り上げられて実施された記録はない。

秋田はもともと寒国ゆえに農民が酒を飲むことにも藩は寛容で、酒造業は保護育成されていたが、藩の資料では領内の酒造規模は寛永年間で約二、三〇〇〇石、延宝八年(一六八〇)でも酒造米高二万一三四五石、酒屋数七四六軒である。酒の本場に向け一万石を移出するなどとは、製造、輸送、販売、製品管理などはどう考えても大変な仕事で、渡辺の献策は大風呂敷もよいところだろう。

しかし興味深いのは、渡辺が酒屋から酒づくりに関して直接いろいろな話を聞いているらしいことである。「ふつう酒づくりではおよそ米一斗に対して水一斗を加えるが、寒づくりでは一斗二、三升も加える、また米一石から生酒一石ができる」と述べているくだりである。酒づくりでは「汲水《くみみず》を延ばす」という言葉がある。アルコール濃度が同じ酒をつくる場合、同一量の米に対してなるべく水を多く加えてつくる方が効率がよい。大体米一石から清酒一石ができると考えてもそう大きな間違いではないから、この関係を知っておくと米からできる酒の量を計算する際に便利である。

ところで、藩財政の収支、その中で酒造業のもたらす利益は、具体的にどの程度だっ

雪の降りしきる日，青森市油川の西田酒造店．この蔵も近江商人の創業．

たのか見ておこう。時代は少し後になるが、享保三年(一七一八)の秋田藩の収支を示す資料によると、収入は年貢米三万九〇〇〇石、大坂廻米の売却代金一三五八貫、そのほか鉱山、材木山からの運上金などが主で、酒役、室《むろ》役など醸造関係の収入は五五九一貫の税収中、一七〇貫にすぎない。

一方支出は一万六五五三貫にも達して、差引きで年間一万貫余の赤字、そのほかにも多大の累積赤字をかかえており、藩の財政は危機的な状況だった。

さてその後の秋田ではお家騒動、天明の大飢饉などを経て、寛政年間に入り藩主佐竹義和《よしまさ》のもとで徹底した財政の立て直しがはかられた。濫伐で荒廃した山には木を植え、衰退した鉱山は民間に請け負わせ、銅に含まれる銀を精錬するなどの手を打った。また農村の荒廃防止、年貢負担力の増加を目的に、養蚕業の育成、次いで上州桐生から職人を招いての藩営絹織物工場の設立、漆器の生産などが行われた。

秋田において実際に関西流酒造法の講習と江戸への移出が試みられるのは、一九世紀はじめの文化年間に入ってからで、文化二年(一八〇五)、御用商人那波《なんば》三郎右衛門(祐三)から藩が直接意見を聞いたことにはじまる。那波家はもともと京都の商人で、大坂冬の陣以来秋田とつながりがあったが、宝永五年(一七〇八)の京都大火後に秋田に移住して来たと伝えられる。上申書の経歴によれば、那波は天明八年以来藩の酒造方、室簞《むろほうき》見習方を命じられ、以来文化三年に至るまでの一九年間、領内の酒造石高の調査と税金徴収の実務に従事してきたという。

那波は「他所出酒《よそだしざけ》」についての意見を求められたが、利益が出るか出ないかは自分で試醸してみないことにはわからないと回答、そこで文化四年に彼を「酒造御試方支配人」にして、試醸と拝借銀(二〇貫、無利息一〇年賦)の支出が認められた。町のすべての酒屋によく技術を伝えるよう、またつぶれる酒屋などが出ぬように、とも注意された。関西から招く「酒師」、つまり杜氏の給料、旅費、雑費の三分の二は藩から、残りは先の二〇貫から支出する。またそのほかに年五貫が合力銀として支給されることになった。また湯沢町の酒屋、東吉は酒づくりが上手であるから、那波のもとで「大坂酒師」のつくり方を急ぎ見習わせ、上質な酒づくり方法を追々普及させよとのことであった。

文化四年秋には播州明石(現・兵庫県明石市)から彦右衛門と兵治郎の二名の酒師、ほかに麹師一名が来て、酒づくりが開始された。那波の意見は、

「たとえ上方のようによい酒はできなくとも、米穀、薪、人件費に至るまですべて高値のところで行われている酒づくりを、すべてが安価のところに移せば必ず利益が出るはずである、上方流酒づくりを見習えば末長く国の利益となり、なお沖出し移出することで倍々の利益が出よう」

というものだった。酒のできはよく、一部は江戸にまで出荷されて評判はきわめてよかった。順調にいけば文化五年には増産するはずであったが、どうしたことか二人の酒師が相次いで病死し、急遽招いた代わりの酒師の酒はできばえが思わしくなかった。

その後文化七年九月になって、那波は突然酒造御試方支配人を罷免され、せっかくの新規事業も中止となってしまった。理由は酒師の急死という思わぬ事態で品質のすぐれた酒ができなくなったこと、地元酒屋の嫉妬による横やりなどであろう。しかし那波に対する処分は、のちに御叱り御免、拝借銀の未返済分免除、御手当銀の下賜があったように、軽いもので終わった。彼の功績を認めていたからだろう。

文化一一年(一八一四)から同じ那波三郎右衛門らによって行われた藩営絹織物工場「絹方役所」の事業も、製品の品質粗悪、消費市場に遠いという、酒と同様の理由で大

きな損失を出し、失敗に終わっている。まだまだ東北地方の工業が発展し、製品が受け入れられるだけの諸条件は揃っていなかったというべきだろう。

新規事業開発というものは、いつの時代でも難しい。担当者は大いに意気込んで上層部を説得し、優先的に人、金、物をまわしてもらい、華々しく事業を開始する。しかし、思うような成果はすぐには上がらない。担当者は焦る。招かれた指導者も、来てみれば想像していたのとはずいぶん事情がちがい、思うように仕事はできず面白くない。やがて他部門からは「苦しい時だというのに、あんな成果の上がらない部門は金食い虫の道楽だ、俺たちの苦労も知らないで」と非難の声が上がりはじめる。種々協議した末、上層部ではやむを得ず事業の打ち切りを決め、担当者は左遷されることになった、などというのは現代の企業でもよくある話である。

那波の子孫は代々三郎右衛門を襲名し、那波商店（「銀鱗」）として現在も酒造業を続けている。

会津藩では、寛政四年（一七九二）に酒造法の改良と酒の他国への移出を企画した。秋田藩、津軽藩同様、目的とするところは領内の産業育成と財政への寄与である。藩主に献上された日記、『家世実紀《かせいじっき》』の寛政四年九月八日条によれば、

「米が安値であったり、逆に特別高かったり不安定であると人々が苦労する。高から

ず安からず平均になるよう安定化したい。近年は米が安値なので他国への廻米を増やしているが、どうしても米の積み出しが過剰になる。百姓たちも自分では他国へ積み出すことができないが、酒にすれば商人たちも出荷可能となろう。しかしこれまで会津酒は他国へ積み出しても売れ行きが思わしくなかった。その理由は結局酒の品質がよくなく、値段も高いためであると思われる。これについては町奉行副役の伊与太安太輔が内々に知っているので、なお一同で種々協議した」

とある。

前年の寛政三年、酒杜氏として摂津畑原村《はたはら》(現・神戸市灘区)の茂兵衛と横谷村《よこだに》(現・兵庫県加東市)の庄七を、麹師として播磨下山下村(現・兵庫県姫路市)の清七を呼び、大坂流酒造法の指導をさせることが決まっていた。町や村の酒屋たちのうちから希望者には講習を行い、また安太輔のところでも酒づくりをさせることにし、製品は「大坂流」と称し、他国への移出をはかることになったのである。安太輔の述べるところでは、

「大坂流酒造法は他国での評判もよく、移出すれば大量に売れるだろうが、酒蔵と酒造道具がなくては急にはできない。従来酒蔵に用いてきた材木町の長次郎の居宅に隣接した住吉河原に酒蔵の建設を認めていただきたい。建設費も援助してほしい」

ということで、会津藩では翌寛政四年から役所を設けて酒造方役人を置き、酒造に適した水が得られる材木町の住吉河原に大きさ五間×七〇間、酒桶一〇〇本を備えた大規模

な酒蔵を建設し、酒造米の消費量は東北では大規模な年間二〇〇〇〇石にも達した。また酒は「清美川」の銘で販売され、会津領の町や村では酒造法の講習会が開かれた。

天明の大飢饉以後、寛政年間に入っても幕府は酒づくりを厳しく制限していたが、『家世実紀』(寛政三年一二月晦日条)によれば、会津藩では酒づくりを統轄する幕府の勘定奉行との交渉によって、従来の酒造三分の一造り分のほかに特別枠として寛政元、二年は八二四〇石、三年も五五〇〇石を認められており、藩営酒造工場はこの特別枠と関係がありそうである。特別枠を認めてもらう理由として、会津領は四方が嶮岨《けんそ》な山坂で難所が多く、他国と違って雪の季節、米を廻米として輸送しにくい事情があること、領内の作柄がよいこと、米価の安定をはかりたいことなどが述べられている。こうした準備を経て藩営酒造工場が動き出したものであろう。

寛政五年一二月には、大坂流酒造法でつくられた「地製之上酒」を藩主に献上したところ、大変賞讃されたので、以後御膳酒とする旨の記事がある。ちなみに藩主はそれまでは江戸の名酒「隅田川」を召し上がっていたとある。

会津藩では寛政年間に藩政改革の一環として家老田中玄宰《はるなか》を中心に領内手工業の育成をはかり、京都からは金粉蒔絵《まきえ》、江戸からは陶器と雛人形づくりの職人を招いて、地元の職人にその技法を習わせた。大坂流酒造講習もこの政策の一環と考えられる。優秀な技術を持つ他国の職人を自分の支配下に組み込み、領内手工業の技術水準を向上させ、領外の商品との競争に耐える力を持たせようというわけである。

藩営酒造工場の結末がどうなったのか、以後『家世実紀』には記述がないが、酒の江戸移出はかなわずとも、会津酒の品質向上にはずいぶん寄与したはずである。酒蔵は今日会津酒造博物館にその一部が残されている。

以上見てきた通り、残念ながら、江戸時代の東北地方における関西流酒造技術の導入は、大きな成果を挙げることはできなかった。気候、風土の違う東北に関西から直輸入された技術は、直ちに花を咲かせ、品質のよい酒を生み出すことはできなかった。品質以外にも解決すべき多くの課題があった。江戸まで酒を輸送するにしても、雪が深く、陸路も海路も遠く困難である。また、関西酒のように江戸に専門の酒問屋を持っていたわけでもない。いきなり江戸へ出荷しても東北酒は安く買いたたかれることが多かったのである。

明治以後の東北における改良酒造法の普及も困難に満ちたものであり、東北酒が清酒品評会で受賞し、ようやく評価が高まるのは、明治も末年になってからである。

第五章　御免関東上酒――下り酒に負けない酒を

一七世紀はじめから江戸市場向けに発展を続けてきた関西の酒造業に比べて、関東の酒造業は依然小規模、未発達であり、酒の品質も劣るものだった。「下《くだ》り酒」に対して関東酒は「地廻《じまわ》り悪酒《あくしゅ》」などと蔑称されることが多かった。

こうした状況に甘んじていた関東地方の酒造業の振興をはかった幕府は、寛政二年（一七九〇）、武蔵、下総《しもうさ》国の合わせて一一軒の酒屋に米を貸与し、上製諸白酒三万樽の製造を命じた。この酒を「御免関東上酒《ごめんかんとうじょうしゅ》」と称し、酒屋たちには江戸の霊岸島《れいがんじま》、茅場町《かやばちょう》、神田川あたりに「御免関東上酒販売所」を設けさせ、酒問屋を経由せずに直接小売販売を行わせたのである。

この御免関東上酒の企ては結局失敗に終わり、醬油のように「下り物」を駆逐するほどの大生産地を関東で育成することはできなかった。だが、関東酒の品質向上には大いに貢献した。柚木学氏は「寛政改革と関東上酒御免酒」（『酒造経済史の研究』有斐閣、一九九八年所収)と題した論文でその全体像を明らかにされたが、平成二年(一九九〇)になって『新編埼玉県史資料編十六』に「幡羅《はたら》郡下奈良村吉田家関東上酒御試造書上物写(抄)」(寛政二年三月―八月)および「幡羅郡吉田家関東上酒御試造記録」(寛政九年一一月―文化元年正月)が一括して収録された。この資料は勘定奉行に宛てた御免酒屋たちの報告と幡羅郡下奈良村の名主吉田家の記録からなるもので、従来不明だった御免関東上酒の誕生と失敗の経緯がかなり明らかになってきた。

第四章で述べた東北酒改良の試みは、失敗の原因を明らかにするだけの十分な資料が入手できなかったが、本章では江戸への下り酒の入津《にゅうしん》抑制、東西間の均衡化をねらって幕府が実施した関東酒造業振興政策の展開、当時の関東酒の技術水準の評価を中心に、この企てが失敗した原因を探っていくことにしたい。

登場に至るまで ――寛政改革とともに

天明年間は、異常気象、凶作、飢饉が続き、その規模は元禄年間を上回るものだった。まず天明三年(一七八三)七月、信州浅間山《あさまやま》が大噴火してその降灰は関東地方一円におよび、同年と翌四年は大凶作となった。また六年は五月から降り続いた長雨により、草加《そうか》、越谷《こしがや》、粕壁《かすかべ》(春日部)、栗橋(いずれも現・埼玉県)など、江戸川、利根川沿いの町や村は七月になって大洪水に見舞われ、大きな被害を出した。

こうした状況下で六年九月、幕府は宝暦四年(一七五四)以来続けてきた酒の「勝手造り令」から一転して、造石高を半減させた。また八年からは三分の一とするよう厳命し、天明から寛政年間にかけては再び厳しい酒造制限の時代となったのである。この制限令は、特に関西の生産地に対して厳しく、その一方で関東酒造業については振興政策がとられた。その裏には、凶作という事情のほかに寛政改革を推し進めた老中松平定信《まつだいらさだのぶ》(一七五九―一八二九)の酒造に対する考えがある。定信はその著書『宇下人言《うげのひとごと》』のなかで、天明から寛政年間にかけての米価の概況を回想したくだりに続き、酒造株に関しておよそ次のように述べている。

「また酒造というものは、ことに最近になって多くなった。元禄の造り高を今は株高という。その前はその三分の一などに減ったこともあったが、米が安値なのでその株高の範囲では勝手につくるべしと仰《おお》せ出されたのを、株は名目だけでいくらつくってもよいものと思い違いをし、今では造り高と株とは二つに分かれて、一〇石の株で一〇〇〇石つくる者もあれば、一万石もつくるものもある。これによって寛政元年頃から諸国の酒造を調査したところ、今の三分の一造り高は元禄の造り高よりも二倍余りも多いのである。西国あたりから江戸へ入ってくる酒はどれくらいあるか知れない。東から西へ移る金銀の量もどれくらいあるか知れない。このため浦賀《うらが》あるいは中川で酒樽を調べようという御制度が出されたのである。これまた東西の勢いをちょうどよくしようとする手段で、ただ米の消費を節約しようとするだけではないのである。関東において酒をつくり出すべき趣旨を仰せ出されたのも、これまた関西の酒を規制しなければ酒価が騰貴するからである。ことに酒というものは高ければ飲むことも少なく、安ければ飲むことが多い。日用品の物価が平らであることを願う類《たぐい》とは同じではないから、多く入ってくれば多く消費し、少なければ消費は少ないものである」

ここに述べられているように、宝暦以来の「勝手造り令」とはあくまでも酒屋が元禄以来所有する酒造株の範囲内であればいくら酒をつくってもよいということで、一〇石の酒造株で一〇〇石、あるいは一万石までもつくってよいということではない。しかし酒造株高と実際の醸造高との隔たりはこのように大きくなり、実情にそぐわなくなっていたのである。

これを是正するため、幕府は天明八年に酒造株改めを行い、勝手造り令の廃止される天明六年以前の実際の造石高を酒屋に届け出させ、その石高を基準に、新たに造石高をその三分の一に制限した。また寛政三年には届け出以上につくる過造や、こっそりつくる隠造を厳罰に処し、いっそう酒造制限を徹底させた。

もう一つ定信が指摘したのは、関西から江戸に入津する下り酒の数量を制限しなければ酒価が騰貴し、金銀は一方的に関東から関西へ移るばかりだということである。高い酒の無制限な消費に定信はあきれているのだ。酒飲みとは少々高くても飲むものだろうが、定信は、酒価の高騰を抑えねばといいつつ、庶民に飲ませないためには高くてもよいと考えているようでもあり、為政者の勝手ないい草にも聞こえる。ともかく、江戸へ入津する下り酒を浦賀や中川の番所で検査して流通量の規制を強化し、また関東において酒造業の振興をはかろうとしたのであった。

幕府のお膝元江戸において、そんなに問題となるほど下り酒の量は多かったのか。天明四年に六七万樽だった下り酒の入津樽数は、六年に七八万樽、八年に六〇万樽、寛政二年に七二万樽と、酒造制限令下でも大きく減少することなく、効果は上がらなかった。そこで生産規制とともに流通面でいっそうの規制強化がはかられることになった。

寛政四年、浦賀番所における下り酒の「一紙送り状」制が採用された。一紙送り状とは、従来のように浦賀番所の「下り酒荷改方」においていちいち酒樽を改める繁雑さを避けるために採用されたもので、各産地ごとに行司(業界の世話役)が船一隻分の積荷の送り状を一枚の紙にまとめ、さらに大坂三郷(現・大阪府守口市)の酒造大行司がそれらをとりまとめるというシステムであった。これによって幕府は事務の簡素化と入津樽数の規制を可能にできた。

また寛政四年一〇月には、従来江戸へ酒を移出していた一一カ国(山城、河内、和泉、摂津、播磨、丹波、伊勢、尾張、三河、美濃、紀伊)以外の酒の新規の江戸入津を禁じる措置をとり、地域を限定するとともに、従来の実績をもとに、各産地ごとに数量をも限定した。

さらに、下り酒の生産地の中でも新興勢力として急速に力をつけ、他の生産地との競争、摩擦を強めていた灘と今津を抑えようとした。天明六年には灘と今津だけで入津総樽数の実に四五パーセントを超えるまでになっていたからである。寛政四年からは灘と今津の酒株からのみ冥加金を徴収した。そのため、俗に摂泉一二郷と呼ばれる和泉、摂津の一二の生産地のうち、灘と今津はこの時期大きく後退することになり、両生産地の占有率は大幅に低下した。代わりに比率を一時的に回復したのが、和泉・摂津以外の九カ国の酒だった。この点では、幕府の政策はねらい通り成功したといえよう。

第三章でも少し触れたが、下り酒が上方の造り酒屋から江戸の消費者の手に渡るまでには、いくつもの複雑な流通機構を経ていた。江戸の酒問屋には「下り酒問屋」と、幕府直轄領の多い関八州の酒を扱う「地廻り酒問屋」があり、両者が区別されるようになるのは享保年間以後といわれる。『東京酒問屋沿革史』によれば、地廻り酒問屋は南茅場町、南新堀、霊岸島などにあって、実際には地廻り酒と下り酒の両方を扱っていたが、地廻り酒の方は入荷量が少なくて商売は振るわず、その数は次第に減少していった。だいぶ後年の数値だが、慶応元年(一八六五)一一月一日から同晦日まで一カ月間の下り酒入津樽数合計一三万三〇八六樽に対し、地廻り酒の取り扱いは一四軒の問屋で合計三三六二樽にすぎず、大きな隔たりがあった。

さて、松平定信が企図した関東における酒づくり、つまり御免関東上酒の顚末を、実際酒造事業に携わった武蔵国幡羅《はたら》郡下奈良村（現・埼玉県熊谷市大字下奈良）の名主、二代目吉田市《いち》右《え》衛門《もん》宗敬《むねたか》が残した記録を中心にたどることにしよう。

下奈良村は文字通りの暴れ川、荒川と利根川にはさまれた平坦地にあるごく平凡な関東の農村である。中山道熊谷《くまがや》宿に近いことから助郷《すけごう》（宿駅の補充、保護の目的で近隣農村に課された夫役）に指定され、農民たちは重い負担に苦しんだ。白木綿の売買で財をなした初代および二代目吉田市右衛門は、荒川の改修工事や助郷の負担にたびたび莫大な献金をし、このあたりでは今でも篤志家として語り継がれている。同家は酒造業をも営み、隣接する四方寺《しほうじ》村の本家吉田六左

埼玉県熊谷市下奈良にて．水田，畑，屋敷森の続くのどかな景色の中に，今も造り酒屋が一軒ある．

衛門の酒造株を譲り受け、寛政年間から「奈良泉」という銘の酒をつくっていた。

寛政二年(一七九〇)三月一七日、御勝手勘定奉行柳生主膳正《やぎゅうしゅぜんのしょう》(柳生久通。一七四五―一八二八)から書状で江戸へ呼び出された吉田市右衛門は、およそ次のように命じられた。

「関東において上酒を製造し、江戸に出張して売り捌《さば》くように。その方《ほう》は先立っても利根川筋四七カ村の川の普請に自分の金子《きんす》を差し出したが、此度《このたび》の儀も、下り酒が米価に引き合わぬ高値で下々《しもじも》の者が難儀しているから、酒づくりをし、安値で江戸に売り捌けば、下々の者のためにもなろう」

ここでも下り酒は不当に高いという考えが出てくる。勘定奉行というのは現在の大蔵大臣と裁判所の長官を兼ねたような職で、その下に順に勘定奉行勝手方、伺方、酒造掛の役職があり、酒造掛が酒造株高の調査、増石、減石など酒に関する事務の一切を取り扱っていた。

村に帰った市右衛門は早速詳細な計画を立てて勘定奉行に提出したが、その内容を要約すると、

①勘定奉行に命じられたのは、酒造米一〇〇〇石を使用する上製酒づくりである。精米による搗《つ》き減り分を一六・七パーセントと計算し、玄米一〇〇〇石から精白米八三三石を得、新酒に一一九石、間酒《あいしゅ》に三二三石、寒酒《かんしゅ》に三九一石を使用する。中心となるのは寒酒である。

仕込みには深さ六尺五寸、容量三〇石の大桶を使用する。仕込み配合比は**表7**に示した。酛の蒸米が一石、麹はその四割、加える水は蒸米の一・四倍になる酛のことを「一石酛四割麹十四水」の酛と呼ぶ。

②これだけの酒をつくるのに必要な酒造道具は、かなりの分を今回新調せねばならなかった。以下(　)内が新調分である。六尺五寸大桶二三(一〇)本、四尺五寸滓引《おりびき》桶二〇(七)本、三尺七寸造桶四八(三〇)本、半切桶四五〇(三〇〇)枚(この桶は枚と数える)、麹蓋一二〇〇(七〇〇)枚、酒船二(一)艘《そう》(艘と数える)、酒揚《さけあげ》(酒袋)一四〇〇(七〇〇)枚、米搗き臼一〇(五)などであった。市右衛門の酒蔵は、このあたりではかなり大きい方であった

表7　市右衛門の上酒づくり

(単位：合)

酛	蒸　米	1,000
	麹	400
	水	1,400
初　添	蒸　米	2,000
	麹	800
	水	2,400
仲　添	蒸　米	4,000
	麹	1,200
	水	3,600
留　添	蒸　米	6,010
	麹	1,600
	水	4,510
合　計	蒸　米	13,010
	麹	4,000
	水	11,910

$$\text{麹歩合} = \frac{\text{麹}}{\text{蒸米}} = 0.307$$

$$\text{汲水率} = \frac{\text{水}}{\text{蒸米}+\text{麹}} = 0.700$$

が、それでも大変な設備投資をせねばならなかった。
③酒の樽には、「吉田蔵」の焼き印を、それぞれ寒酒に一つ、新酒に二つ、間酒に三つ押して区別する。
④従来つくってきた酒では、玄米の搗き減り分は一五パーセントだったが、今回は上酒とあってとくに精米には念を入れ、二〇パーセントとする(計算は一六・六七パーセントになっている)。
⑤酒の貯蔵は、寒明け一五〇日目頃に一番火入れ、それから四〇日後に二番火入れ、さらに四〇日後に三番火入れを実施する。酒のできがよければ、これで秋までもつはずだが、悪ければ四番火入れを実施しなければ駄目で、一回火入れするごとに酒の量が一割減るから、夏酒は高価になるだろう。
いずれにしても自分の酒は下り酒ほど「足持ち」がよくないと、酒の保存性が劣ることを正直に認めている点が興味深い。火入れは、ふつう一カ月に一回くらいの間隔で、一番火、二番火、三番火とくり返すが、品質は当然次第に落ちていく。この上酒づくりにあたり、市右衛門が精米と火入れには特に留意したことがわかる。
⑥酒の販売による収入、諸経費は、酒の値段が米価に連動して上下するため、四つのケースを想定、試算した。総収入は一二七八貫九八八文―一四〇一貫九六〇文で、その内訳は酒の売り上げのほか、副産物の米糠代二五貫文、酒粕六〇〇俵分三七貫五〇〇文、

粕取り焼酎（酒粕を蒸留して得る焼酎）三六石分五一貫四八八文、小計一一三貫九八八文を見込んだ。

一方支出は玄米の購入費が一番大きく、そのほかに薪代、樽代、江戸への輸送費、問屋の口銭《こうせん》(手数料)、酒造人の給与、飯代となっているが、これではほとんど赤字となるはずで、見通しが甘いのではと思われる。実際予定していたよりも米価が高くなり、この収支見込みはのちに修正せざるを得なかった。

⑦そのほか、酒の足持ち、つまり火落ちによる腐敗が起きないか検査するため、寒酒の上酒を一、二本次の秋まで保存すること、各自がつくった新酒、間酒、寒酒のでき上がり日、およその売り出し日、江戸での売り出し場所を取り決めて届け出ること、などが述べられている。

同年八月、市右衛門は同じく御免酒屋を命じられた他の酒屋たちとともに、再び江戸の勘定奉行のもとに呼び出され、一〇〇〇石の試造《ためしづくり》を一年に限って命じられた。酒造米は貸与する、江戸に五軒の出店を設けて小売りをすること、原価に一割の利益を上乗せするのはよいが、あまり高値で売ることは決してまかりならぬ、というさまざまな条件をつけられたので、酒屋たちは、

「これでは損をすることは目に見えています。はなはだ難しいので辞退させていただきたい」

と申し出たのだが、

「お前たちはすでに一度公儀から仰せ渡されたことを引き受けた。もはや上聞《じょうぶん》に達しておる。今さら引き受けぬなどとは不届き至極である」

と叱責され、やむなく引き受けたのである。老中松平定信としても、寛政改革の一環として是が非でも事業は成功させねばならなかった。

天明八年の幕府の三分の一造り令以来、酒づくりを厳しく制限されてきた酒屋たちにとって、幕府の貸与米で一般酒より高品質の上酒づくりができる上、わずかな酒を御礼に上納するだけで、自分の酒を問屋を通さずに江戸で販売できるのだから、話は何もかも結構ずくめに思えた。ところが、幕府と酒屋双方の計画の詰めが甘く、いざ上酒づくりを開始してみると、さまざまな障害が立ちふさがってきた。

御免関東上酒の製造を請け負った武蔵、下総の酒屋は一一軒あったが、その分布を調べると、ほとんどが江戸への輸送に便利な利根川、荒川、江戸川など大河川の流域、あるいは東海道、甲州街道、水戸街道など主要街道沿いで、幕府直轄地か旗本知行地にあった。勘定奉行は御免酒屋を選定するにあたって、当然こうした条件も考慮したはずである。

関東で酒屋をはじめたのは、農村の地主層、中山道沿いに進出した近江商人、また越後から酒づくりの出稼ぎに来て定住した農民が多かったが、市右衛門が名主だったこと以外、他の酒屋たちの出身は明らかではない。

市右衛門以外の酒屋では、東海道神奈川宿青木町の紀伊国屋五郎兵衛が、「天明六年に酒蔵が類焼したため、同八年の酒株改めの際には減石した。今回元通りの三〇〇〇石を認めていただきたい、もし認められれば自分の酒蔵で一二〇〇石、残り一八〇〇石は領外でつくる」と述べた記録がある。東海道神奈川宿とはいえ、三〇〇〇石は関東では大酒屋である。彼も「上酒造方」として「関東辺通例《かんとうへんつうれい》」の上酒製造法を書き残しているが、内容はごくふつうのものである。また五郎兵衛は酒造道具のうち、新樽をわざわざ上方まで注文している。

さて以下は同年八月六日付、一一軒の酒屋の申し合わせと勘定奉行宛報告の要約。

①この御試造《おためしづくり》は、当寛政二年一年間に限ることとし、酒は上製諸白に仕込む。酛、掛米、水にも念を入れ、杜氏や酒を詰める樽についてもよく吟味する。

②酒の売り出し値段は、かねて申し上げた通り、米一石につき金一両の換算とし、市右衛門ら九人は上酒二〇樽（一樽は四斗樽で酒三斗五升入）を一三両とする。ただし、八村の喜左衛門と下赤塚村の辰次郎は品質に自信が持てなかったためか、低めの一二両としている。これに小売りまでに要する諸費用を加え、また米の相場に応じて値段を調整する。

③このたびつくる酒は問屋へは送らず、おのおのの酒屋が江戸の霊岸島、茅場町、神

田川あたりの舟着場に家を借りて出張所とし、他の酒とはまじらぬようにして小売りをする。たとえ一、二合の少量といえども念入りに売り、損失が出た場合は各自で引き受ける。

④このたびの上酒づくりは関東においてはじめて命じられたもので、今後の地廻り酒づくりのもとになるものであるから、よくできるよう格別念入りにつくる。また市右衛門ら五人は、この上酒のほかに従来からの三分の一造りの分、合計四六〇石余りの「次酒」を近辺で「地売り」(地元販売)する。残り六人は三分の一造りの分は休み、上酒のうち品質の劣る分を地売りにする。

⑤幕府の拝借米を希望する者は、質《しち》を差し出し、米を受け取る。返納は翌寛政三年六月までに、受け取った値段で行うこと。

⑥拝借米一〇〇石につき、冥加《みょうが》(御礼)として酒八樽を納める。当年は試造であるから冥加金(貨幣で納める一種の営業税)は免除していただきたいが、その代わり酒づくりを念入りに行い、売り値を引き下げるように努めたい。酒がうまくでき、上方酒同様に日持ちがよければ引き続き石高をふやして上酒づくりを命じられるだろうが、それは我々一同の努力、今年の結果にかかっている。

一一軒の酒屋による諸白三万樽、酒にして約一万五〇〇〇石の酒造計画は、こうして意気高くはじめられた。しかし豊作、凶作による米価の変動も見定められないのに、酒はできるだけ安値で販売せよという厳しい条件付きである。米はなんとか手当てできても、新たに大規模な設備投資もせねばならなかった。この計画はどうも最初の段階から見通しが甘く、無理が感じられる。しかし八月といえば、酒づくりがはじまる秋ももう間近であり、あわただしくスタートを切るほかなかった。

最初の報告

以下は、翌寛政三年(一七九一)七月の酒屋一同の、奉行宛報告の内容である。まず前年つくった酒は、初年度で急いだゆえ、酒造職人、諸道具も揃わず、できばえも思うにまかせず申し訳ない、今年は道具も揃え、酒づくりに励むので、なにとぞ引き続き酒づくりを命じていただきたいと述べている。それでも前年命じられてつくった御試酒は、九月頃まではもっと思われるので、「御風味酒」を差し上げたいと、献上する酒の品質にはいささか自信を見せている。

表8に寛政三年一〇月の一一人の酒造計画を示す。酒造米高は前年の一万四四〇〇石からやや減少して一万三九〇〇石となっているが、うち、幕府からの拝借米が五六五〇石に達している。酒造人は同じである。

販売価格について見ると、表では一〇駄、つまり四斗樽二〇樽当たりの値段は、上酒

表 8　寛政 3 年の上酒製造計画

	酒屋所在地	酒造人	酒造米高 (拝借米)	酒の生産高, 20 樽の値段
1	武蔵国旗羅《はたら》郡下奈良村 (埼玉県熊谷市大字下奈良)	吉田市右衛門	1,000 石	──, 13 両
2	──	──	1,300	──, 13 両
3	武蔵国橘樹《たちばな》郡神奈川宿 (横浜市神奈川区青木町)	五郎兵衛	1,100 (500)	上酒 500 石, 13 両 上々酒 500 石, 14 両 極上酒 50 石, 16 両
4	武蔵国豊嶋郡下赤塚村 (東京都板橋区下赤塚町)	辰 次 郎	1,100 (500)	──
5	──	──	1,200 (750)	上酒 800 石, 13 両 剣菱造極上酒 200 石, 15 両 満願寺造極上酒 200 石, 16 両
6	武蔵国多摩郡是政《これまさ》村 (東京都府中市是政)	五郎右衛門	1,200 (700)	上酒 700 石, 13 両
7	下総国葛飾郡八幡村 (千葉県市川市八幡町)	喜左衛門	1,000 (300)	上酒 900 石, 13 両 極上酒 100 石, 14 両
8	下総国葛飾郡根本村 (千葉県松戸市)	四郎右衛門	1,000 (500)	上酒 900 石, 13 両 極上酒 100 石, 15 両
9	下総国葛飾郡流山村 (千葉県流山市)	平　八	2,000 (1,000)	上酒 800 石, ── 極上酒 200 石, 15 両
10	武蔵国二合半領番匠免《ばんしょうめん》村 (埼玉県三郷市)	清左衛門	2,000 (1,000)	──
11	下総国相馬郡台宿村 (茨城県取手市)	五郎兵衛	1,000 (400)	上酒 900 石, 13 両 極上酒 100 石, 15 両
合計			13,900 (5,650)	

──は記載なし．2，5 は下大嶋町(東京都江東区)の徳助か，流山村(千葉県流山市)の十左衛門

が一三両、上々酒一四両、極上酒一五、六両の予定だった。寛政六年の江戸市場における酒の値段を調査された柚木学氏によれば(前掲「寛政改革と関東上酒御免酒」)、下り酒は伊丹・池田酒が最高級で二一両、次いで西宮・灘酒が一八両、大坂・伝法《でんぽう》・尼崎・堺が一六両であるのに対し、関東地廻り酒は上々酒一三両、上酒一二両、下酒に至っては九両にすぎない。品質が落ちる分、下り酒に比べて安く取引されていた。それを考えるとこの御免関東上酒は高級志向とはいえ、やや強気の価格設定だったと思われる。

また種類別の生産量比率は各酒屋とも、大体上酒が九〇パーセントに対し、極上酒が一〇パーセントだった。ここで興味深いのは、一一人のうち下大嶋町の徳助か、流山村の十左衛門のいずれかが、伊丹の「刃菱(剣菱)」、池田の「満願寺」流のつくりで極上酒各二〇〇石の製造を計画していることである。酒造職人も関西から呼んだのだろうか。

一一軒の酒屋を合わせた生産予定量諸白三万樽ではおよその換算で約一万五〇〇〇石の酒になるが、これでも当時江戸に入津する下り酒六、七〇〇万樽のわずか五パーセント程度にすぎない。

冥加は前年と同じく拝借米については一〇〇石当たり上納酒八樽、自分の米についてはー〇〇石当たり二樽。もし上納酒が御不要の場合は代わりに金納するし、売り出し場所、酒銘変更の場合は報告する。「御免酒」の焼き印も二年に同じである。

苦闘は続く

武蔵国熊谷周辺は、寛政三年八月、九月の二回にわたり荒川の堤防が決壊して大洪水となり、米は不作だった。市右衛門の酒蔵でもやむを得ず上州から「悪米」を購入したが、この時期は高値の上に運賃がかさんで玄米の手当てが思うにまかせず、当初一〇〇〇石の予定が結局八〇〇石にとどまることになった。

酒屋たちの報告も寛政三、四年は苦しい事情を訴えるものが多い。三年一〇月の報告要約。

「追々と新酒もでき、江戸へ出張して売り捌く者もあるが、新酒の酛をつくるのに高値の米を使い、二〇樽当たり一六、七両もかかってしまったので、この値段で売らせていただきたい。また酒造米は各自で合計三〇〇〇石は仕入れたが、残り三四〇〇石は手当てができないので、なにとぞ拝借をお願いしたい」

大規模な酒づくりをはじめてはみたものの、急には酒造米、酒造道具、職人が揃わず、計画は二年目もまたつまずいてしまったのである。

また三年の秋からは武蔵川田谷村(現・埼玉県桶川市)、加須《かぞ》村(同加須市)、下総田尾村(現・千葉県市原市)、南村(同流山市)、行徳《ぎょうとく》村(同浦安市)の酒屋も新たに御免上酒づくりに

表9　寛政3年11月〜4年2月の市右衛門の「上酒売捌帳」

酒の種類	使用精白米	酒の生産量と販売量
間酒 (7斗水仕込み)	340石	437駄＝305.9石 内訳 ①造劣分57駄＝39.9石 ②江戸での販売分200駄＝140石 ③残り180駄＝126石
寒初口極上酒 (5斗5升水仕込み)	100石	100駄＝70石
寒酒 (6斗水仕込み)	200石	250駄＝175石
合　　計	640石	787駄＝550.9石

(酒1駄＝3斗5升入樽×2＝7斗として計算)

参加した。

四年二月に市右衛門が作成した「上酒売捌書上帳」によれば、彼は三年に入手した玄米八〇〇石から搗き減り分二〇パーセントで精白米六四〇石を得、間酒《あいしゅ》を中心に五五〇石余りの酒をつくったが、販売予定分二〇〇駄(一駄＝二樽)のうちまだ一八〇駄が残っていて、売れ行きはあまりかんばしくなかったようだ(**表9**)。

続いて四年閏《うるう》二月、酒屋一同の奉行宛報告の要約。

①上酒づくり仲間については、今まで通り毎月二人ずつ「行司(世話役、役員)」を立て、御用向きならびに仲間の世話をする。

②新酒づくりは秋の彼岸後、九月節から取りかかり、一〇月節までにでき上がるので、おのおの行司のところに持ち寄り、印がわからぬように隠して残らず酒盃に入れ、並べる。い、ろ、は、な

どの目印を帳面につけ、行司一人一人が唎き酒をして酒の上、中、下を決める。今まで出荷した酒を中とし、上、下の値段をいくらにするか、書きつけて入札する。

その後に間酒、寒酒は、それぞれ一一月中旬と正月中旬に売り出すが、値段の取り決めは同様にする。「不風味《ぶふうみ》」、あるいは味の薄い酒は出荷せぬように仲間が検査する。

③冥加上納酒の数量については、これまでの取り決めによる。

④去る三年の仕込みは、米その他諸物価が高く、また寒酒はとくに「水〆《みずしめ》(水を控えてつくったの意味か)」にし、また火入れによって酒の量が一割くらい減ったから、新酒、間酒と同じ値段では引き合わない。よって火入れした上で唎き酒を差し上げるので、お唎き比べの上、酒が目減りした分の値上げをお認めいただきたい。

水害によって米をはじめ諸物価は騰貴し、またはじめて手掛ける上酒は品質管理がなかなか難しかった。酒を長持ちさせようと火入れをくり返せば、当然酒の量が減るので価格を上げぬわけにはいかない。

毎月二人ずつ行司を立て、目隠しテストで品質管理に気を配った点は評価できるが、酒蔵によってかなり技術水準の差があったであろうし、また毎月交代制の行司では、関東一円から集めた酒のすべてを念入りに検査するのは大変だったろう。

さて四年七月、それでも今までの努力が評価されたのか、八人の酒屋が一〇〇石から一〇〇〇石増石の可能性について打診された。市右衛門は一〇〇〇石、下赤塚村の辰次郎は六〇〇石増であったが、その見込みについて両人は以下のように回答した。

市右衛門。過去二年間試造を命じられ、酒のでき具合もまずまずであったので、本年は一〇〇〇石増をお願いしたい。自分は上州藤岡町(現・群馬県藤岡市)に下請けの酒蔵があり、最寄りの酒造人の空き蔵、道具を借り受けるので可能である。

上州藤岡には近江商人がはじめた酒屋がいくつかあり、今日でも酒の生産地だが、この市右衛門の下請けの酒蔵の主は大坂屋市左衛門といった。

続いて辰次郎。六〇〇石増は当年の仕込みに道具が間に合いかねる。が、なるべく所持する道具で仕込み、少々不足の分は最寄りの酒造人の空き道具、酒蔵を借り受ければ、六〇〇石増も差し支えない。

その他の酒屋も差し支えないと回答している。天明八年の三分の一造り令以来、各地の酒屋は余剰の道具を抱えていたから、増石もそう難しくないように思えた。しかし従来三〇〇石程度の規模だった酒屋が一挙に三倍以上の一〇〇〇石、さらに倍増の二〇〇〇石というのはかなり無理がある。また下請けの酒蔵につくらせれば、ますます品質管理は難しくなる。しかし酒屋たちも今さら引っ込みがつかなかったろう。

以上のように、寛政二、三、四年と酒づくりの実情を見てきたが、果たして、江戸における御免関東上酒の評判はどうだったのだろうか。以下に要約した酒屋たちの報告には、作成年月日が記入されていないが、内容から推測して寛政五年のものである。詫び

言、お願いが延々と続き、ひときわ読みづらい。その内容を整理すれば、

①せっかく江戸表へ出張し、家を借りて販売所をつくったが、唎き酒で、ことごとく品質の劣る安酒とされたもののみが売れた。

②武家、商家から使いが酒を買いに来られても、販売人の一部には少量の販売では損になるからと断った者があり、また内々に酒問屋へたくさん酒を売ったとの噂があり、まことに恐縮である。

③今後は出張する者にもよくいい含め、問屋、仲買人、小売り酒屋へ売らないことはもちろん、武家、商家からたとえ一、二樽、五合、一升の酒を買いに来られても、決して「不風味」の酒を売り捌かぬよう申し付ける。

④去る四年は米価が金一両につき七斗六升と高騰し、経費は酒一〇駄につき一六両くらいかかった。今まで申し上げなかったが、値上げをお認めいただきたい。

⑤上酒は、江戸へ積み出して販売所に置いておく間にも不風味になることがあった由。しかるに、呑口《のみくち》を打つ(酒樽の下の栓から清酒を出す)際に唎き酒をせずに出荷した分もあったのか、恐縮である。

⑥酒が不風味になったら小売りしないようにするが、国許《くにもと》へ積み戻す費用もかかり、難渋するので、この上不風味の酒が出たら問屋、小売り酒屋へ売らせていただきたい。

⑦これまで毎月行司を定めてきたが、以後は日々仲間を見廻り、決して不風味の酒は

売り捌かず、品質のよい酒を安く供給するという御免上酒の趣旨に沿うよう取り計らいたい。

つまり実情は、せっかくの上酒も出荷後の品質管理が悪いために、不風味となって売れ残ることが間々あり、売れたのは上酒でも品質が劣る安い酒ばかりだった。不風味の酒を積み戻すのも大変だから問屋、小売り酒屋への販売を公認してほしいと訴えているが、本当のところは始末に困った売れ残り分をこっそり問屋へ流していたのだろう。おまけに販売人の接客態度も悪く、少量の酒を買いに来た武家、商家の使いを断ってしまった。

どうやら御免上酒の評判は散々なものであったらしい。しかも、米価をはじめ諸物価の高騰で採算割れとなり、値上げせずにはどうにもやっていけないというのが、寛政四、五年の状況だった。「剣菱」「満願寺」「男山」に負けぬ酒をという当初の意気込みは立派だったが、品質も安定しないのに急に酒造規模だけを拡大しても、たちまち破綻をきたしたのも当然だろう。品質管理と販売で厳しい競争を勝ち抜いてきた下り酒に、にわかづくりの関東酒などが、到底かなうはずもなかった。

寛政五年は松平定信が老中を罷免され、寛政改革が終了した年だが、実績不振にもかかわらず、御免上酒づくりは続けられ、御免酒屋の数は増加した。同年八月に御試造を命じられた酒屋の分布は**図9**の通りである。この年新たに五軒が加わり、当初の一一軒が実に三三軒にもなった。しかし酒造総米高の方は、一万五一〇〇石(うち拝借米七八五〇石)で、生産量の大きな増加はない。五〇〇〇石以上の酒屋もあった灘には比ぶべくもないが、一〇〇〇石以上の酒屋は八軒となった。酒屋の所在地は、現在の地名がわからない場所が三三軒中六軒あるが、やはり米と水が豊富で江戸に近く、今日でも酒の生産地である流山、川越、小川、熊谷あたりに集中していた。

御免上酒づくりの恵まれた条件を聞きつけ、新たに参加を強く希望した酒屋もあった。下野《しもつけ》安蘇郡下津原村(現・栃木県栃木市岩舟町)の名主政右衛門は農業のかたわら三〇〇石の酒づくりをしていた。かねてから御免上酒のことを聞き、年々少しずつ上酒づくりをまねた。杜氏は上方出身であり、一回の火入れで翌年新酒ができる頃までもつ上酒ができたので、寛政六年六月に勘定奉行宛に御免上酒づくりを申請した。「上方酒にも劣らない極上酒ができると思う」と述べている。御免酒屋が関東一円でかなりの広がりがあったこと、また江戸の酒販売所は本所相生町、神田新橋通、深川常盤橋町、深川六軒堀町などにあったことが、この資料からわかる。

しかし、政右衛門と武蔵入間《いるま》郡小ケ谷村(現・埼玉県川越市)の太左衛門、上野《こうづけ》藤岡町(現・群馬県藤岡市)の半兵衛の申請は、今年はすでに締め切り後であるとのことで、残念ながら許可されなかった。

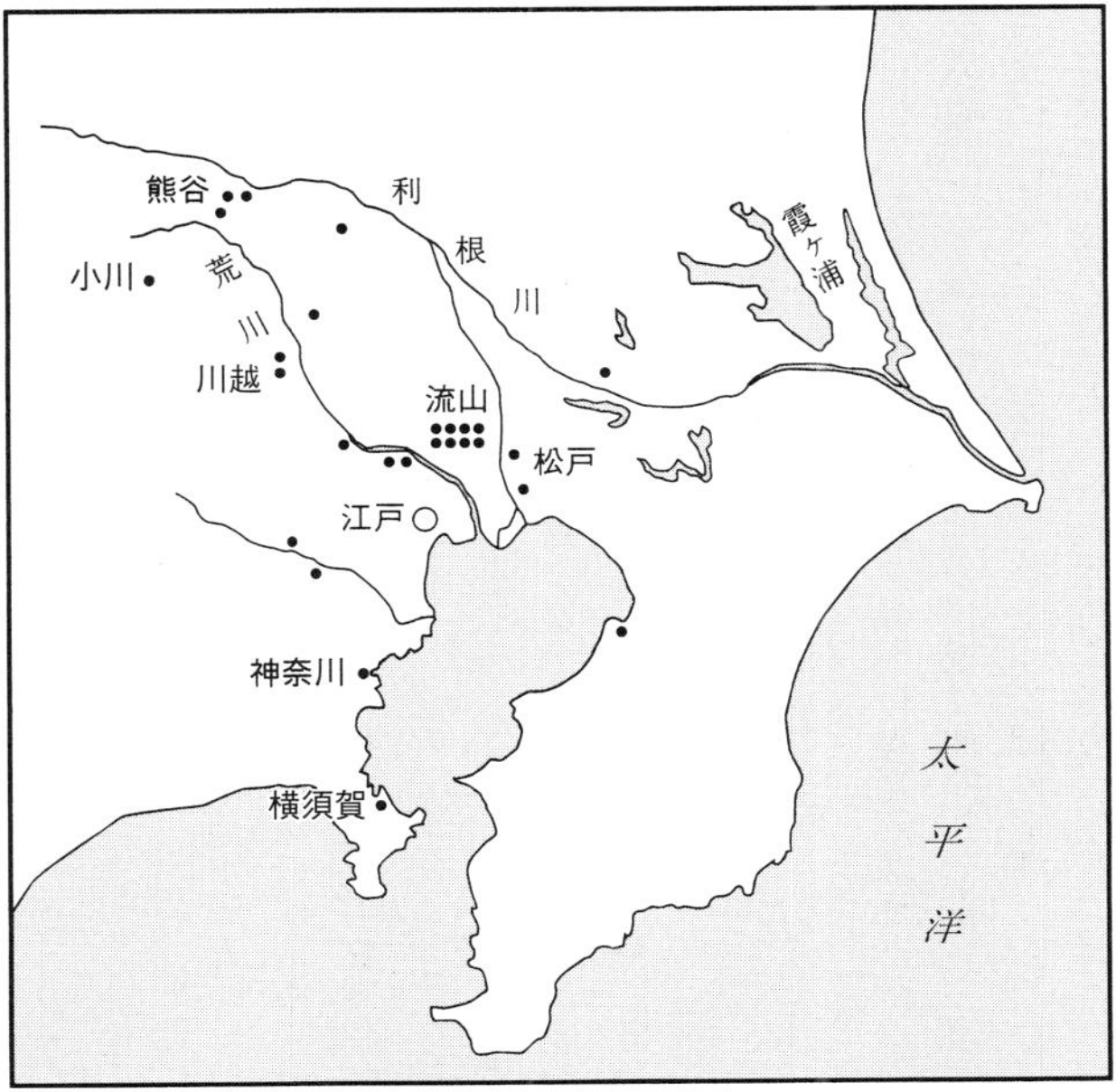

図 9　寛政 5 年の御免上酒酒屋分布

幕引き

一〇年余りにわたり苦闘を続けてきた御免関東上酒も、ついに幕引きの時がきた。寛政改革の終了とともに、厳しかった減醸令も次第にゆるめられた。天候不順、凶作、米不足が続いた天明、寛政年間に比べると以後の文化、文政年間はおおむねよい天候で豊作が続き、逆に余剰米も出るようになった。文化三年(一八〇六)になって、いわゆる「酒造勝手造り令」が出され、石高制限も撤廃され、無株の者ですら酒づくりができることになって、再び酒づくりは自由競争時代に入った。こうなると勝負は酒の品質、価格で決まってしまう。寛政二年に七二万樽だった下り酒の江戸入津量は再び増加し、文化一四年(一八一七)にはとうとう一〇〇万樽を突破した。灘では酒屋の共倒れを防ぐため生産制限すら実施される過当競争の時代となったから、品質の劣る御免関東上酒三万樽の存在などは、もはや問題にもならない。

資料には寛政五年以後の酒屋たちの奉行宛報告は見当たらず、吉田市右衛門個人の記録しか残されていないので、全体の状況は把握しにくい。市右衛門の酒蔵では、寛政二年から文化元年までの一五年間にわたって御免上酒づくりを続け、冥加金も滞りなく納めた。寛政年間彼が酒造人たちの行司を務めたことは前述の通りである。

冥加上納酒は自分米一〇〇〇石当たり二樽、拝借米一〇〇石当たり八樽の割合で、年に五―三〇樽ずつ、合計四五四樽の「奈良泉」を納めた。また上納酒のほかに幕府による買い上げ酒もあった。寛政六年になって、極上酒は費用もかさみ、新樽を使えば二〇樽で一八両にもなるので、その旨を御理解いただき、値上げを認めてほしいと訴えている。上酒づくりも次第に重荷になってきたようだ。

寛政九年(一七九七)から享和三年(一八〇三)までは、市右衛門自ら申し出て冥加上納酒を年五二樽にまでふやし、奇特なことであると幕府から褒美の銀をもらった。しかし、享和三年になって幕府が酒屋に対し酒造米高の一〇分の一もの役米を課すと、さすがに負担が大きすぎたのか、今後は上納酒の件は免除していただきたいと訴えた。それではというわけか、同年と翌文化元年には買い上げ酒がふえて三〇樽ずつとなった。

さて市右衛門も老齢で病気がちになった。文化元年になって、上酒づくりはもうお願いしないが、今までずっと御用酒を献上し、御褒美を頂戴した事情もあるので、今後は従来の持ち株でつくった間酒《あいしゅ》のうち、御初穂《おはつほ》として年一〇樽を献上したい旨、申し出た。同家は白木綿の販売をして江戸にも貸し家を所有するなど大変裕福であったし、昔から所有する酒造株で近在の農民相手に安い酒もつくっていたから、気苦労ばかり多くて儲けの少ない御免上酒づくりはもう返上したい、というのが本音だったのだろう。この年で市右衛門の上酒づくりは終わり、二年後の文化三年一〇月、七五歳で没した。

寛政五年四月、酒づくりの件で勘定奉行柳生主膳正に召し出された折に、市右衛門は次のようなたとえ話をされた。

「ひいらぎの木は一年にわずか一、二寸しか伸びず、成木になるには時間がかかる。だが、どんな大風にあっても傷むことはない。また桐の木は年に一、二尺と伸びるのは早いが、大風にあうと必ず損なわれるものである。人の身上《しんしょう》も同じで、にわかに大きくなったものは必ず保ち方がよくない。倹約をもっぱらにして自然に大きくなった身上は、末長く続くことも当然である。よってその心得が必要である」

市右衛門はこの言葉を有り難く家訓としたが、私には御免関東上酒の計画自体が無理に成長を急いで倒れてしまった桐の木のように思えてならない。

吉田家の酒づくりはまだしばらく続く。御免上酒づくりをやめた後も年に二〇〇〇石をつくり、文化八年には伊丹から杜氏を招いて酒づくりをしたところ、格別よい酒ができた。とすると、市右衛門は関西流の技術で御免上酒をつくっていたのではなさそうだ。市右衛門は所持していた酒造株を近くの久保嶋村(現・埼玉県熊谷市久保島)の名主三右衛門に譲渡したが、天保六年になって三代目市右衛門宗敏がこれを買い戻した。

天保七年(一八三六)、また凶作、飢饉となって米価が高騰した。幕府は再び厳しい酒造制限令を出した。このあたりが酒づくりをやめる潮時だろう。三代目市右衛門は、

「当年は凶作で米が高値になり、村々では難渋している。酒造減石のお触れが出され

てもいるので、米価が下がるまで酒づくりを休み、御初穂酒の上納も免除していただきたい」

と訴えている。

すでにこれに先立つ天保四年、「関東上酒御免株」はすべて没収されて、新たに「関八州拝借株」となり、希望者に貸し付けられることになった。御免関東上酒はここに終了したのである。

酒づくりはやめたが、市右衛門の子孫はこの地において引き続き大地主であり、また篤志家として人々に尽くした。しかし幕末、明治を経て大正年間に入ってから同家は急激に没落し、広大であった屋敷も今はない。

私が高崎線熊谷駅前から乗った群馬県太田行きバスの車内には、自動車関連の工場で働いているのか、外国人の姿が多く目についた。関東らしく水田と屋敷森の多い下奈良地区も、今では住宅地が広がりつつあった。吉田家の菩提寺である集福寺の市右衛門宗敬、宗敏両名の墓碑には、彼等の功績の一つとしてこの酒づくりのことが刻まれている。

評判の悪い関東酒

伊丹、池田、灘など名だたる銘醸地が集まる関西と違って、関東地方の酒造業に関する研究は少なく、今後の課題でもあるが、御免関東上酒が生まれた背景をもう少し知るために、関東酒は当時どのような評価を受けていたのか、少し述べておこう。

最近鎌谷親善氏が翻刻された『酒直《さけなお》し千代《ちよ》伝法《でんぽう》』(一八三八)という書物がある。おもに寒づくり法と酒直し法を中心にした技術書だが、上巻の「酒米土地合之事《さけこめとちあいのこと》附《つけ》たり国々名酒の事」、中巻の「酒十節造込并甘掛清方続《さけじゅっせつつくりこみならびにあまがけすみかたつづき》之事」から当時の関東酒の技術水準とその評価をうかがい知ることができる。

同書によると、米と水を用いる酒づくりは米を選び、精米、洗米、道具洗いに念を入れ、つくり込みの時節をよく考えることが大事で、土地がよすぎるとかえって「米の性」が強すぎ、酒づくりには向かないとしている。山城、摂津など諸国の酒について評価を加えた後、関東酒について、

「上州は山が高く清流が流れ、東国一の国であるが、土地がすぐれ米性がよく、酒には合わないので、名を上げない。武州埼玉《さきたま》、下総の佐原、流山はその流水を用いて酒をつくるが、つくり方をわきまえない素人が多く、安値で買われる。とにかく米と水に注意してつくれば腐造や変酒はかつてない」

と述べている。

また甘掛けと称する佐原や流山の酒屋が得意とした技術があったが、醪を上槽する前に甘酒をつくって加えると、酒にくい味が出、風味が増すとある。現在の「甘酒四段」

による甘口酒の製法に近い。しかし同書の酒直しの個所では、

「田舎酒はすべて東国の地廻りで、つくり方がよくない。甘掛けでにく味をつけ、無理なつくり方ゆえ、酒直し法もよく効かないが、直らぬものでもない」

と手厳しい。一方伊丹や池田の酒は火入れしてのち、変酒ということがない、灘も上手だとほめている。当時の関東酒はつくり方が念入りでなく、特に火入れ後の品質管理には問題があって腐敗しやすかったようだ。

天明三年(一七八三)から天保八年(一八三七)にかけての関東の酒事情に関する同書の記述も、やや誇張はあるだろうが興味深い。

天明以来の大凶作となった天保七年(一八三六)は、酒づくりは三分の一から四分の一にまで制限されたから、八年の五月半ばから江戸の酒問屋では深刻な酒不足に見舞われ、どの店にもほとんど酒がなくなってしまった。酒の値段は二〇樽が八〇—九〇両にまで暴騰し、しかも取引は即金だった。

すわ好機到来とばかり、下り酒の代わりに「田舎酒」が入荷したが、変酒となって荷主の迷惑になるいいかげんなつくりだった。酒の値段はさらに上昇し続け、九月一八日にはとうとう極上酒一一〇両という、恐るべき値段に達した。ようやく九月一八、一九日に秋の新酒を積んだ新酒番船が数隻入港し、二〇日には価格は三六両二分にまで下がった。

東国の農民たちは素人商売で一儲けをたくらんで新米を買い込み、早く新酒を売り出そうと酛、掛米にまで新米を使ったものだから(新米では発酵が進みすぎるので、ふつう新酒には古米を使う)、腐造酒が多く出、人の口に合う酒はわずかだった。

行田《ぎょうだ》(現・埼玉県行田市)の鈴木忠右衛門の記録によっても、下り酒の江戸入津量はこの年激減しており、九月一五日の神田明神の祭礼まで一向に上酒の入荷がなかった。そこで地廻り酒も出荷されたが、館林《たてばやし》(現・群馬県館林市)の日野屋佐兵衛、加須の日野屋半六(屋号からしていずれも近江日野の出身らしい)らが行徳で大変な高値で酒を売り捌き、不埒《ふらち》であると勘定奉行から取り調べられたという記事がある。

いささか誇張もあろうがこうした記述から判断すると、当時の関東酒は素人農民がつくるべた甘の安酒で、品質管理もおろそかで腐敗しやすく、下り酒が入手できない場合の代替品と、残念ながらかんばしからぬ評判ばかり目につくのである。

幕末安政三年(一八五六)の諸国工芸品江戸入津統計(『重宝録』)によれば、発酵食品のうち、酒については下り酒四五万―五〇万駄(一駄＝四斗樽×二)に対し、地廻り酒はわずか七八〇〇駄にすぎず、状況に大きな変化はない。地廻り酒の生産地としては武蔵国行田、熊谷、久喜《くき》、奈良村、加須町、騎西《きさい》町などが挙げられている。一方醬油の方は下り醬油八万―九万樽に対し、銚子、野田の関東地廻り醬油一四七万五〇〇〇樽と、東西の逆転が起きている。酒と醬油、二つの醸造業の差は、つまるところ品質の差によるものであった。

関東酒造業その後

関東において関西に負けない優良酒をつくろうとした御免関東上酒の野心的な試みは、残念ながら失敗に終わった。酒造業界の「西高東低型」構造は、江戸時代初期から現在に至るまで続いているもので、これを崩すのは容易なことではなかったのである。たとえ酒の品質がよかったとしても、ただちに江戸市場で関東酒が売れはじめるものでもなかった。問屋網を持たず、小売直接販売に限定、問屋・仲買人への販売は最初から厳禁というのでは、簡単に販売量をふやすこともできなかった。

関東酒造業のその後について、少し補足しておきたい。私が京都から定年後に関東に引っ越してきて抱いた印象は、どこまでも平野が広がって、山々ははるか遠くにあり、とにかく広い所だということである。しかし、これだけ広くて人口も多いのに、名醸地はといえば、千葉県佐原市、群馬県藤岡市、埼玉県小川町くらいしか思い浮かばない。いずれも酒屋は数軒程度しかなく、伏見や灘のように大酒屋が軒を連ねている状況ではない。

二〇一三年度の都道府県別日本酒生産量を見てみると、第一位はもちろん古くからの生産地兵庫県であり、年間生産量一三万三八六六キロリットル、酒屋一軒当たりの生産量は九七七・一二キロリットル(一キロリットル=五・五六石)となっており、大規模化が進んでいることがわかる。以下、京都府、新潟県、秋田県に次ぐ第五位が埼玉県であり、一万六八六二キロリットル、一軒当たり三五八・七七キロリットルである。埼玉県は関東一の酒生産地なのである。以下、栃木県、千葉県、茨城県、群馬県、東京都と続くが、生産規模は急激に小さくなって、第四二位の神奈川県に至っては、各七五八キロリットル、一六・八四キロリットルと、もはや日本最下位に近い。広い地域に小規模な造り酒屋が散在するという関東酒造業の特徴は、今も続いている。

青木隆浩氏の研究によって明治以降の埼玉県酒造業の歩みをたどると、明治一二年には実に六八九軒もの造り酒屋があり、その大部分は地主副業型の酒屋だったが、今日ではほとんど残っていない。新規参入がしやすい土地柄だったこともあり、埼玉県は大正年間から首都圏における大生産地となった。しかしこれも大資本による寡占化が進んだというよりは、専業型酒屋が次第に地主副業型酒屋を淘汰して行ったということである。

味醂の大産地である流山をかかえる千葉県では、有力な造り酒屋が共同で大正八年市川市に関東酒造株式会社を設立し、四季醸造や大量仕込みをめざしたが、大正一五年には惜しくも廃業した。また同じ市川市において帝国酒造は味醂や焼酎の大量生産を試みている。利根川、太平洋、街道沿いと、県下一円に造り酒屋が広く分布しているのが千葉県の特徴だが、佐原市に近い香取郡神崎町《こうざきまち》では、昔から続く酒蔵が全量生酛《きもと》づくりを復活させ、少量生産を指向している。最近では「発酵の里神崎」を看板に、「道の駅」において酒以外の各種発酵食品の販売にも力を入れるなど、さまざまな新しい試みがある。

最大の都市東京であるが、『明治四十三年東京酒造組合名簿』によると、東京二三区内にはまだ六四軒もの造り酒屋が存在した。下町の墨田、足立、葛飾区などはもちろん、新宿区や中野区にも造り酒屋があった。しかし次第に消えて行き、現在二三区内では北区で一軒のみが営業している。一度は消えた「東京盛」の酒銘を復活させようと、東京での酒づくりをアピールしている(小山酒造、「丸真正宗」)。

一方西部の多摩地区に残った酒屋は、「観光酒蔵」という特徴を表に出して生き残りと活性化をはかろうとしている。石川酒造(福生市、「多満自慢」)や小澤酒造(青梅市、「澤乃井」)は、見学、食事ができる酒蔵として人気があり、かつての地主酒屋の面影を残す田村酒造場(福生市、「嘉泉」)、江戸時代から白酒で有名な豊島屋本店(千代田区、「金婚正宗」。同社の酒蔵である豊島屋酒造の所在地は東村山市)も、規模を拡大せず丁寧な酒づくりをしている。二〇二〇年のオリンピックに合わせて「東京の酒」ブランドの復活が企画されているのは心強い。

日本酒業界も生産量の多さを競う時代はすでに終わりを告げ、今後はその土地産の米と水でつくった個性ある酒を目指す時代に入ったというべきだろう。

第六章　外国人の見た日本酒——つくり方と味をめぐって

藤本義一氏は、名著『洋酒伝来』の中で、一六世紀半ばのフランシスコ・ザビエル以来、幕末、明治時代初期までに日本を訪れた外国人の紀行文をもとに、ワイン、ジン、シャンパンなどさまざまな外国酒と日本人の興味深い出会いの歴史を述べられた。

私などは火入れの発明をはじめとして、日本酒の技術の優秀さを教えられてきたのだが、果たして外国人は日本酒の味、技術をどう評価していたのだろうか。また世界の酒の中で、日本酒はどう位置づけられるのか。これも私が長年関心を持ってきたテーマで、拙著『日本の食と酒』の中でその一部を紹介したが、まとまった研究はほとんどない。

戦国時代末期から明治時代初期にかけ日本を訪れた外国人は、イエズス会宣教師、貿易商人、長崎オランダ商館員、商館付の医師、外交官など限られた人々にすぎなかったが、彼等はこの極東の島国の歴史、風俗、習慣に大いに興味を抱き、数多くの紀行文、日記、論文を残した。今日ではその大部分を翻訳によって読むことができる。もとより科学技術者は少ないから、明らかに誤った記述も間々見受けられるが、なるべく信頼性の高い記録を選び出し、従来の研究には欠けていた視点から一六世紀以降約三〇〇年間にわたる日本酒の歴史、世界の酒の中で占める位置について少し考えてみることにしよう。

宣教師たちの報告

一五一七年のルターによる宗教改革以後、カトリック教会の巻き返しと新たな教勢拡大を意図してロヨラを中心に設立されたのがイエズス会である。イエズス会士は厳しい戒律と修行に耐え、宣教のため世界の各地に赴いた。

日本にやって来たイエズス会宣教師たちは、ザビエルはじめ皆が一様に日本人の勤勉さと道徳、知的水準の高さをほめ、それは我々日本人にはいささか面映いほどである。しかし日本人の食生活に関しては、彼等が布教したのが主に中央から遠く離れた貧しい九州の村々だったことを考慮しても、きわめて低い評価しかない。

当時の宣教師の滞日期間は数十年間と長きにわたり、記録も直接の見聞をもとに書かれたものが多い。以下は一五五二年一月、フランシスコ・ザビエル(一五〇六―五二、滞日一五四九―五一)がロヨラに宛てた書簡の一部だが、これは恐らく日本酒に関するヨーロッパ人の最初の報告であろう。

「日本の主要大学なる坂東は遠く北方に在り、他の諸大学も同様なるがゆえに、厳しき寒気に遭ふべし[大学は仏教諸宗派の学校の意か]。寒地に居住する者は才智あり鋭敏なり。ただし米のほかに食ふべき物なし。また小麦、各種の野菜その他滋養分少き物あり。米より酒を造れるが、そのほかに酒なく、その量は少くして価は高し」(『イエズス会士日本通信』村上直次郎訳、雄松堂)

その他の報告書を読んでも、日本はきわめて食物に恵まれない土地だとの印象を受ける。

織田信長に関してきわめて詳細な報告を残し、それゆえ今日では大記録家としてあまりにも有名なルイス・フロイス(一五三二―九七、滞日一五六三―九七)だが、その当時は、「この男はあまりにも細々《こまごま》としたことを報告して来すぎる」とイエズス会の上司の受けは必ずしもよくなかった。一種のあべこべ物語というべき彼の『日欧文化比較』(一五八二)に、日本の酒に関する記述が数カ所あるので拾い上げてみよう。

「われわれの間では葡萄酒を冷やす。日本では(酒を)飲む時、ほとんど一年中いつもそれを煖《あたた》める」

「われわれの葡萄酒は葡萄の実から造る。彼らのものはすべて米から造る」

「われわれの葡萄酒の大樽は密封され、地面に横たえた木の上に置かれる。日本人は

その酒を大きな口の壺に入れ、封をせず、その口のところまで地中に埋めておく」(『日欧文化比較』岡田章雄訳、岩波書店)

樽に一杯酒を満たし、密封して横にし、ワインの酸化を防ぐのがヨーロッパ式である。一方酒甕を地中に埋めることは、今日でも九州の焼酎工場の一部で行われている。これは土中の温度変化が少なく貯蔵によいからだが、現存する奈良春日大社の酒殿、あるいは平城京造酒司の遺跡の様子などから推定すると、奈良、平安時代には仕込み容器の甕を地中に埋めていたらしい。保温と作業のしやすさを考えたためらしく、戦国時代末期の奈良興福寺の酒づくりでも、甕を地中に埋め込んだという記述が見出せる。しかし大型の木桶が仕込み容器になるにつれて、すたれたようだ。

フロイスの『日本史』は、日本の酒についてさらに以下のように述べている。

「ある人が一五乃至《ないし》二〇ピーパ(pipa)の葡萄酒を教会へ贈ったという場合も、ヨーロッパでピーパと呼ぶものは日本ではタラ(樽)といい、ヨーロッパでは一ピーパは二五アルムーデであるが、ここでは一アルムーデにも当たらないと知らなければならない。なぜかというと、最も大きなものでも、一頭の馬がその二つを積み荷として背負っていくことができるくらいの大きさだからである。またこの葡萄酒は米からできている。葡萄から作られたのはヨーロッパから来て、ここではミサ用の葡萄酒か病人用の薬として用いられるだけだからである」(『日本史』柳谷武夫訳、平凡社)

馬一頭に樽二つが積めるというのだから、四斗樽のことであろう。日本の酒樽はワインの樽よりずっと小さい。また「米からできている葡萄酒」とは妙な表現だが、「葡萄酒」はポルトガル語 vinho の訳だろう。以後日本酒は sake, sacki, zacky, また原料から rice wine, rice beer などとも呼ばれたが、ワインよりアルコール濃度は高く、ビールのような発泡酒でもなく、サケとしかいいようがない。

キリスト教の聖餐式《せいさんしき》でパンとともに使う赤ワインは、キリスト教徒にとってはキリストの血だが、「彼等は人の生血を飲むのだ」などと日本人からはあらぬ誤解を受けるもとになった。もちろんこの当時日本製はなく、ヨーロッパ本国に注文して運ばせた。

一五七七年頃来日したと思われるロドリゲス（ポルトガル人、一五六一？—一六三四）は非常に日本語が巧みで、通称はロドリゲス・ツズー（ツズーは通辞《つうじ》、つまり通訳のこと）。それまでの布教の歴史をまとめる必要に迫られたイエズス会は、一六二〇—二二年頃、彼を中心に『日本教会史』を編纂した。本書は長期間滞在したロドリゲス自身による見聞が多く、また教会史にとどまらず、日本研究をも含む信頼性の高い記録である。その筆は、日本の酒と宴会に実に詳しい。宴会の作法、酒に燗をつける習慣について述べた後、日本酒のつくり方に触れている。以下は麴と上槽の説明である。

「シナにも日本にもさらにこの東方には葡萄園がなく、葡萄の実で造った酒もないが、王国全土に共通した日本の酒はすべて米から造られる。その米を湯気に通した上で、それにその米から造られた一種の酵母[麹のこと]を混ぜ、米の一定量に一定量の水を加え、いくつかの木桶《ティーナ》または非常に大きなマルタヴァンの壺《ジャーラ》[ミャンマー南部マルタヴァン製の良質な陶器]に入れるだけであって、その中で酒に変わるまで数日間発酵させる。それを亜麻布の袋に入れて、圧搾器のようなもので搾ると、しぼり糟は一つの大桶《ドルナ》にある袋に残り、(その液は)大桶から容器に集められ、飲み物として、非常に適度で胃によい酒となる。もしも葡萄酒のようにたくさん飲むと、葡萄酒ほどは早く胃の中で消化されないので、その酔いは長い間続く。よい味を持っているけれども、血液に非常に近い本当の葡萄酒とはその効力が違っている。シナや日本で米から造るこの酒は、造られる方法、それに要する多量の水、また王国の諸所で造られるその場所により、われわれの間におけると同様に、種類や味がいろいろある。そしてわれわれの間にも、葡萄の実により、栽培する土地によって、葡萄酒のポルトやセスト[いずれもポルトガルのワイン]にいろいろな種類があるのと同じく、彼らの間にも、土地によってさまざまな種類の酒があり、また酒を造る材料が精白米か、搗いていない米かによって、味の種類もいろいろある。また、同じ材料を使って造るのにも、流儀と混ぜ工合[酒造の流派の組み合わせ、または酒のブレンドか]とでそれぞれ違ったものができる。彼らの酒宴と招待には、常に最良で有名な酒を手に入れようとし、遠方の土地の有名なものを前もって取り寄せておく。また、いっそう歓待するためには、万人が非常に珍重している、有名なさまざまの土地の酒を勧めるのが習慣となっている。

われわれの間に穴蔵があるように、彼らの間にもきわめて大きな穴蔵があり、たいへん大きくて奇怪なほどの大樽がある。それらの大樽は非常に高いので、上部から酒を取るには梯子でのぼって行く。また、シナ、コーリアおよび日本は酒の使用量があまりに多いので、日本では国土の産出する米の三分の一以上が造酒に用いられると断言できる。そのことが民衆の日常の食糧として十分な米がない理由となっている。もし酒、酢、味噌その他米を消費するいろいろな物を米から造らないならば、十分であろうに」(『日本教会史』土井忠生ほか訳、岩波書店)

日本酒の製造工程も実際に見たようだが、ヨーロッパにはない麹は、よく酵母と混同されたりして、説明はまちまちである。仕込み容器は壺と桶が併用されていたようだ。もちろん一七世紀のことだから酒は濁り酒から清酒へと変わっている。葡萄酒の成分が血液に近いというのは誤りである。

穴蔵と大桶はロドリゲス自身が見たらしい。日本ではすでに一〇石以上入る大桶が普及していたこともわかる。梯子でのぼるというのだから、深さ五尺とか六尺の大桶だろう。しかし酒は本当に穴蔵に貯蔵されていたのだろうか。穴蔵、地下室など日本における地下利用の歴史に関してまとまった研究は少ないのだが、最近の江戸遺跡の発掘調査によっても、地下室は麴室や火災時の防火倉庫としてかなり使われていたらしい。

主食である米が酒の原料になることは納得できなかったらしいが、米の三分の一が酒造用というのはいささか過大ではないか。一度正確な計算をしてみる必要があろう。

日葡辞書

さて文献資料が乏しい一六、一七世紀の日本の科学技術を探る一つの方法として、次に『日葡《にっぽ》辞書』に当たってみることにしよう。

『日葡辞書』とは、日本語に堪能なイエズス会士たちが布教のために編纂し、一六〇三年に長崎で刊行された日本語―ポルトガル語の辞書で、三万二二九三語が収められている。日本語の発音表記は正確で、また『平家物語』、『太平記』など日本の古典からの引用文例も豊富な優れた辞書である。本書はポルトガル語からさらにスペイン語に翻訳されるなど、近代に至るまでヨーロッパの日本語学習者に利用された。

酒に関しては、「諸白《もろはく》」が収録されていることはよく知られているが、ほかにも発酵に関する用語がかなりある。

日本側文献には乏しい技術情報をいささかでも補い得るのではと考え、同書の説明をもとに酒造法を組み立ててみた。「　」内が辞書の項目、説明である(『邦訳 日葡辞書』土井忠生ほか訳、岩波書店)(**表10**)。

表 10　日葡辞書の酒に関する語彙

1. 酒の種類

新酒　古酒　清酒《すみざけ》《せいしゅ》　濁り酒　濁醪《だくろう》　白酒《はくしゅ》　醪酒《もろみざけ》　諸白《もろはく》　霰酒《あられざけ》
霙《みぞれ》　練酒《ねりざけ》　菊酒　甘酒　葡萄酒　焼酎　薬酒《くすりざけ》　桑酒　枸杞酒《くこざけ》

2. 酒屋, 酒造道具, 製造工程など

酒屋　酒林《さかばやし》　麹屋《こうじや》　酒蔵　酒米《さかごめ》　甑《こしき》　麹　麹室《こうじむろ》　酒桶《さかおけ》　酒壺《さかつぼ》
酛　醪　酒の実　添へ　酒槽《さかぶね》　上げ槽《ぶね》　酒袋《さかぶくろ》　荒走り(新走り)
粕《かす》　ささの実

3. 酒の容器

酒樽《しゅそん》(酒の樽)　酒桶《さかおけ》　酒甕《さかがめ》　酒壺《さかつぼ》　指樽《さしだる》　半樽《はんだる》　酒枡《さかます》(酒の枡)
酒柄杓《さかびしゃく》　錫《すず》　鶴頸《つるくび》　瓶子《へいじ》

まず酒には新しい酒である「新酒」と、長く貯蔵した古い酒「古酒」がある。その後江戸時代に入ると新酒は秋のはじめにつくられる酒、現在では秋に収穫した米で寒中につくる酒というふうに時代によって意味は変化してきている。「古酒」は現在ではもう死語に近く、最近使われはじめた「長期熟成酒」の方がふさわしいだろう。

「清酒《せいしゅ》」「清酒《すみざけ》」「濁り酒」のほか、「濁り酒」とほぼ同じ意味で「白酒《はくしゅ》」と「濁《だく》醪《ろう》」がある。醪を搾って清酒にすることも理解されており、「醪酒《もろみざけ》」は「まだ搾っていない酒で、すでに酒の質に変化している米(もろみ)と一緒にまざっているもの」である。

高級清酒の「諸白」は、「日本で珍重

される酒で、奈良で造られるもの」とある。奈良は諸白発祥の地だが、すべての諸白が奈良産だったわけではない。また蒸米と麹の双方が精白米という、本来の意味は理解されていない。

一六世紀半ば以降、九州においてつくりはじめられた蒸留酒の「焼酎」は、「たとえば、椰子酒《やしざけ》などのように、火にかけて作る酒」と説明されているが、ここで「火にかける」とは蒸留操作を指している。

果実酒の記述はやはり少なく、「葡萄から作った酒」「葡萄酒」のみである。これとて日本製ではないだろう。一方「薬酒《くすりざけ》」には、「桑の木片を入れて煮立てた汁で作る日本の薬用酒」「桑酒《くわざけ》」がある。この桑の根を入れたものが本来の桑酒で、中風に効果ありとされる。焼酎、桑の実、砂糖でつくる酒は桑椹酒《そうじんしゅ》だが、両者の区別はのちにはだんだんあいまいになってしまった。

「酒蔵」はここでも「酒を貯蔵する地下倉庫」と説明されている。本当に地下に酒蔵があったのか、この説明は大いに興味を引く。

さて酒づくりの工程を追ってみる。「酒米《さかごめ》」は「甑《こしき》」、つまり「中に物を入れて、熱湯の湯気と熱とで物を煮る(蒸す)のに使う一種の道具、すなわち、容器」を用いて蒸す。一方麹を準備する。「麹《こうじ》」は、「日本で酒を造るのに使ったり、ほかの物に混ぜたりする酵母」である。「麹室」という、「酒造用の酵母を暖めるための一種の炉あるいは窯(のようなあつい室)」の中でつくられる。ヨーロッパ人は麹を酵母と説明することが多いのだが、アジア独特のものだから仕方ないだろう。しかし麹の果たす重要な役割はよく理解している。

「本《もと》(酛)」は、「日本の酒を造り始めるもとになる最初の米(飯)。それは、あとからつぎ足される物が加わって、次第に量を増し、勢いづいて行く」。これに蒸米、麹、水を何回かに分けて加えるのが掛(添)である。「添へ」は「日本の酒を作るために、すでに仕込んである最初の飯に、新たに次第にさし加えていく飯」である。この記述は、外国人が日本酒の添掛の手法を紹介した恐らく最初のもので貴重である。

こうしてだんだん醪の量をふやしていく。「醪《もろみ》」は、「(酒を作る時)すでに酒になっているが、まだ搾っていない米」のことである。

次に上槽に移る。「酒槽《さかぶね》」と「上げ槽《ぶね》」がある。それぞれ、「酒を造るもとになる米(もろみ)を入れて搾る大桶」、「酒槽に同じ。その中で日本の酒を搾るのに用いる、木製の醸造用大桶、あるいは、大樽」。酒槽中に、「すでに酒になっている米(もろみ)を漉すための袋」、「酒袋《さかぶくろ》」を積み重ね入れ、上から重石を掛けて清酒と酒粕に分離する。

「荒走《あらばし》り(新走り)」は、「日本の酒造場で最初に搾り取られる濁り酒」で、この時清酒と「粕」、つまり「葡萄の搾り滓のように、物を搾ったあとに残る物、または、日本の酒や油などに残る滓。また、小麦などの糠」が得られる。

『日葡辞書』に収録されているこれらの語から見て、一六世紀末の日本酒は、九州でも濁り酒から清酒への移行、添掛、諸白化など、近世の酒にとって必要な条件はすでに満たされていたと考えられる。火入れによる加熱殺菌もすでに実施されていたはずだが、「火入れ」という語は残念ながら見出せなかった。

酒以外の発酵食品についても重要な項目は少し触れておこう。醤油が登場する以前の調味料としては醤《ひしお》や垂味噌《たれみそ》があった。「醤」は、「よく搗き砕いて粉にした大豆、麦や塩などで作る食品の一種」、今日でも観光地などで売っていることがある。なめもの的な食べ方をする。「垂味噌」は「漉した味噌」と説明されているが、味噌を水に溶かして煎じ、袋に入れ、垂れてくる汁を集めたもの。江戸時代に入っても醤油代用品の下級調味料として使われた。

一六世紀半ば頃に登場する醤油は、この二つの食品から派生したと考えられる。「醤油」は、「酢に相当するけれども、塩からい或る液体で、食物の調味に使うもの。別名簀立《すたて》と呼ばれる」とある。そこで「簀立」の方を見ると、「日本で食物を調理し、味をつけるために非常によく使われる、小麦と豆とから製する或る液体」と説明されている。「簀を立てる」とは竹製の簀を諸味《もろみ》の中に沈め、浸み出てくる液体をひしゃくで汲むことで、初期の醤油は今日のように諸味を袋に入れて搾るのではなく、簀を立てて取り出したものと思われる。

科学者と商館長の記録

「日本博物学の父」とも呼ばれるカール・ピーター・ツュンベリー(ツンベルグ、一七四三―一八二八、滞日一七七五―七六)は、二名法分類を確立したスウェーデン人リンネの弟子である。ツュンベリーは日本の植物採取を目的として、途中多くの苦労を重ねたのちに来日し、短い滞在期間にもかかわらずたくさんの動植物標本を持ち帰ることができた。日本の植物を体系的に分類した『日本植物誌』(一七八四)は高く評価されている。彼の紀行文にはいかにも自然科学者らしい冷静な観察眼が感じられる。

『ツンベルグ日本紀行』(山田珠樹訳、駿南社)の第二〇章は、日本の食物、調理法について述べているが、これを読むと当時の日本人も宗教的禁忌から完全に肉食を禁じられていたわけではなく、ニワトリなど鳥類は盛んに食べていたこと、また貧しい人々は鯨肉を食べ、長崎の町では赤味を帯びたいやな臭いのする鯨肉が店頭に並んでいた、などの記述が興味深い。

またツュンベリーがヨーロッパ向け醬油の火入れ法について述べていることは、すでに『日本の食と酒』でも紹介したが、オランダ人は醬油を一度鉄の釜中で煮沸して瓶《びん》詰めにし、その栓に瀝青《れきせい》(ピッチ)を塗って長持ちさせていたとある。また以下は酒に関する記述である。

「日本人は茶と日本酒を飲むだけである。葡萄酒も飲まなければ、又欧州の酒造家の造る他のうまい飲料も飲まない。和蘭人が日本人に欧州の飲料を饗する時でも、これを味つて見る事は滅多にない。この国でブランデーがなくてならぬものとなる様なことは夢あるまいと私は信じる。二三の通訳のみが漸く珈琲の味を知つてる位のものである。日本人は今日まで、欧羅巴《ヨーロッパ》人の狡猾な手段にかかつたり、不正な火酒に迷はされることを、免かれて来たのである。旧習を保存し、危険な改新を避けるために、例へ有益なものでも外国人の持つて来たものは採用しないのである」(『ツンベルグ日本紀行』)

洋酒が隆盛をきわめ、おいしいものは何でも食べてみたいという今日の状況からすると、当時の日本人は慎み深く、嗜好が保守的だった。しかしツュンベリーはヨーロッパ人が世界各地の植民地で行ったことを見聞してきたためか、こうした態度を弁護している。続いて酒の味については、

「サケは米から造つたビールの一種で、澄んでゐて、葡萄酒に似てゐる。その味は独特なもので、私にはどうも至つて美味いとは云ひ兼ねる。この酒は造りたては白色をしてゐるが、暫らく小さな木の樽のうちに入れて置くと明褐色となる。このサケは、欧州に於ける葡萄酒の如く、広くどこの宿にもある。金持は食事毎に、四半分の一の茹卵を食べながら、これを飲む。祝盃を挙げる時にはこれを用ひる。間食或は遊楽の時にのみ

馳走として飲む人もある。サケは暖めて飲む。元来日本人は決して冷い物を飲まない。サケは茶碗又は漆塗の茶托様のもので飲む。非常に熱いのを飲むから、すぐ酔ふが、然しこの酔はすぐ発散して、後で激しく頭痛がする。酒は商品としてバタヴイアに運ばれるが、バタヴイアではこれを葡萄酒のコップで飲み、且つ食欲を起すために食前に飲むのである。白いサケは、この方が味があるので、人に好まれる」

ツュンベリーのいうように日本酒は新酒のうちは白い（透明である）が、杉樽中に長く置くと色がつくから、樽は長期保存用の容器としては問題が多い。また味もどうも好みに合わなかったようである。日本酒は概して甘口で酸味と香りに乏しいから、塩味の肴はよいとしても、チーズやハムなどこってりしたものには合いにくい。このあたりが日本酒が世界的に普及しない理由であろう。味については、ツュンベリーに限らずおいしかったという感想には滅多にお目にかからない。しかし後で激しい頭痛がしたのは、飲みすぎたか、悪い酒だったかのどちらかだろう。また最後の条から、酒がジャワ島バタヴィア（ジャカルタ）へ輸出され、食前酒として用いられたことがわかる。日本酒のアルコール濃度は一八パーセントとワインの一一―一三パーセントと比べると高いから、食中酒としてはやや重く、食前酒にふさわしかったということだろう。

副産物の酒粕を利用する奈良漬については「日本人及び支那人は酒（即ち米を発酵させたビール）の糟で造つた酵母のうちに梅その他の果実を貯へる独特の貯蔵法を知つてゐる。

かうすると、酸が果実に浸み込んで、味がつき、又一ケ年或はそれ以上も永く貯蔵することが出来る。この様にして貯蔵した果実は、全体のまゝの形にしろ、或は余り大きすぎる場合にはこれを切つたにしろ、ミナラツケ(Minaratski)と云ふ。(me とは日本語で果実のことである。nara とは酒の糟のうちに貯蔵することを盛んにする日本の一地方の名である。tski は tsouki を発音する時約めたものであるが、酒のうちに漬けたり貯蔵したりする意味である)コノモン(Konomon)と云ふ大きな胡瓜[白瓜のこと。コノモンは香の物に由来する]もこの方法で漬ける。この漬物を小さな樽に移して、焼肉とともに食べると恰《あた》かも欧州のコルニツシヨン[Cornichon 酢づけのキュウリ]の如くであるが、その味もコルニツシヨンによく似てゐる」

長崎オランダ商館の館員は、金儲けに専念し、日本に対する文化的関心はおよそ低かったと一般に考えられているが、ティッツィング、ドゥーフ、フィッセルら日本紹介と東西の相互理解に貢献したオランダ人商館長たちの著作を読めば、決してそうではないことがわかる。

イサーク・ティッツィング(一七四四または四五―一八一二)の著作に関しては、科学技術史の立場からまだ検討は加えられていないが、私はティッツィングによる弘法大師伝を調べている過程で、そのなかに日本酒研究が含まれていることを知った。

アムステルダム生まれのティッツィングは、オランダ東インド会社に入社後、ジャワのバタヴィアを経て一七七九年に長崎商館長を命じられた。以後一七八四年までにバタヴィアとの間を往復すること三度に及んだ。離日後はオランダ領東インドのベンガル、バタヴィアに長く滞在した。

ティッツィングはなかなか有能な商館長であり、日本側との交渉の際は結構脅しも使って本国の要求を通したし、乱れ切っていた商館員の綱紀も引きしめた。その性格が親しみやすかったため、長崎奉行久世《くぜ》丹後守の信任も厚く、また江戸では蘭学者桂川甫周《かつらがわほしゅう》や蘭癖《らんぺき》大名の薩摩藩主島津重豪《しまづしげひで》、丹波福知山藩主朽木昌綱《くつきまさつな》らとも親しく交際した。

ティッツィングによる「酒の製造」「醬油の製造」の二つの論文の邦訳はまだないので、私がオランダ語原文からの訳出を試みた。国立国会図書館所蔵の『バタヴィア芸術科学協会論説』第三巻二二号には、ティッツィングの上司ラーデルマーヘルの「日本記述への寄与」「日本の通貨について」、ティッツィングの「酒の製造」「醬油の製造」、最後に簡単な日蘭対照辞書が収められている。

まず「酒の製造」の冒頭部分。

「日本人のふつうの飲み物は、酒と呼ばれ、この語は笹、雀あるいは鳥に由来する」

さらに酒が発見されるまでの事情が述べられる。

「昔、数人の農民が竹林のそばを通りかかり、変わった、しかし快い香りを感じた。その原因を調べ、彼等は数本の竹の切り株を見つけた。上の穴に液が閉じ込められ、この香りはそこから生じることを試し、強い、快い味を知った。この噂はたちまち広まった。人々は必要な調査を行い、中にカビの生えた米だけを含んでいた何本かの竹に、新しい米がまじり、再三水が満たされ、この液ができたことを知った。竹を切った後、その上に少し水がたまり、そして収穫の時に鳥が少量の米粒を竹林まで運び、いくつかがこの竹の中に落ちた。そして太陽の熱でカビが生えるまで乾き、そしてそこへ鳥たちが再三藁を引っぱって来、これらが二度目の雨で湿って、太陽の光によって[温度]上昇がもたらされ、その後発酵してこの酒になったのだと、人々は推定した」

何度もくり返すが、日本酒は米を原料とする酒だから、葡萄汁を放っておいたらワインができたというようなわけには行かない。酵母がアルコール発酵をはじめる前にでんぷんがカビによって糖化されることが必要である。この文章のようにして自然に日本酒が出来る確率は非常に低いだろうが、酒づくりの鍵となるのが、麴、彼等のいうところの「カビの生えた米」であることはよく認識されている。

さて、ティッツィングは、ある時何とかして酒造法を教えてもらおうと、渋る日本人に頼み込んだ。とうとうある日、出入りの日雇い労働者に変装した「酒醸造人」が、カビの生えた米、つまり麴と、蒸したばかりの米を携えて彼の住居にやって来てティッツィングの面前で酒をつくってくれることになったというのだが、警備の厳重な出島で果たしてそんなことが可能だったのだろうか。荷役作業のため何十人もの人々が出島で働いていたから、日本人通詞を介して頼み、杜氏が労働者に変装して入ったのかも知れない。

ティッツィングの好奇心は強烈だった。不幸にも出島において病死した若いオランダ人商館員の遺体にかけられ、死後硬直を解いた真言宗の「土砂」(加持祈禱をした土砂)の正体解明に執念を燃やし、九州の寺から取り寄せて帰国時に持ち帰ったくらいだから、杜氏を呼び入れることなど何でもなかったろう。この論文の刊行は一七八一年なので、酒の製造実験は一回目の滞日、一七七九年秋から翌八〇年春までの間に行われた可能性が強い。ヨーロッパ人ティッツィングは、はじめて見る「カビの生えた米」に特に強い関心を示した。

長崎唐人屋敷跡．敷地の東北隅にあった観音堂の遺構．

「[私は]カビの生えたもの[米]をくわしく観察し、何か変わった材料がまじってはいないか、つきとめようと味わってみたのだが、今までのところ、私の思惑に関しては何も発見できなかった」

さていよいよ彼の面前で酒がつくられたが、これは甘酒である。

「そのあと、今度はこれ[麹のこと]をその目的のために作った桶に入れ、蒸した米とともに注意深くかきまぜた。そしてそこにたらい四杯分の清浄な水を入れた。彼はこの桶にしっかりとふたをし、これに一切れの木綿を巻きつけ、これを小さな箱の中に入れてふたをし、かまどから三フィートの距離に置き、温度が適当に上昇するよう、おだやかな温度に置いた。

温度が下がってから彼は桶を開き、液は布で濾されたが、飲むようにと私に出された液体は、乳色で不快な味はしなかった。これは個人によってつくられ、祭の日や楽しみに用いるもので、甘酒または神聖な酒と呼ばれる。しかし、二昼夜以内に飲んでしまわなければならない。何故なら、さもないと、これは酸っぱい味がついて腐るようになるからだと彼は述べた。

ここで必要な米は、一・五ガンティングのカビが生えたもの、一ガンティングの蒸したばかりのもの(一日本ガンティングの量はおよそ我々の二ポンド)[この単位については不明]からなり、彼はまたそれに一・二五瓶の清浄な水をまぜた。

米にカビを生やすには、桶の中で蒸したのちまぜ合わせ、しっかりふたをして莚《むしろ》でくるんでかまどの中に置き、おだやかな温度で四、五日経過したら再び手入れをする。米が適当な状態になったとわかったら、蒸してまだ生温かい米とまぜた。しかし、これに関しては、あまり温かくならぬよう止めなければならない。何故なら、さもないと酒に苦い味がつくだろう。それから十分な水とともにかきまぜたのち、清潔な木の柄杓《ひしゃく》で均一に押しつぶすようにする。これが火の働きによって、彼等が非常に好む飲み物となる」

その他第二の Sieuw、第三の Meissieuw と呼ばれる酒があるが、色と香りがちがうと述べている。これらの語が指す酒が何であるかはわからない。続いてティッツィングは日本酒の醸造法について述べている。通詞を介してこの酒醸造人から聞き取りをしたものらしいが、さすがに勘所はきちんと押さえてある。

「ふつうの醸造法は、八〇ガンティングの最上精白米からなる。これを蒸したのち冷まし、三二ガンティングのカビの生えた米と、九六ガンティングの清浄な水を[加え]、この混合物を八つの桶に分け、一昼夜に五、六回かきまぜる。そして温度が上昇するまでこのようにして二五日間放置し、それからのち一緒に大きな壺の中でかきまぜ、一種の泡が上がるまで一四、五日放置する」

これは酛づくりと枯しの説明である。やがて酵母が増殖し、発生する炭酸ガスで膨れてくる。

「これを三フィート七インチの大きな桶[三尺七寸桶のこと]のなかでかきまわす。翌日これに一六〇ガンティング以下の常温白米、六四ガンティングのカビの生えた米、一五〇ガンティングの清浄な水をまぜる。

この後一日休み、その翌日桶から出し、三つに分ける。そのおのおのを、高さと直径が五フィートの特別の水桶［五尺桶のこと］に入れ、三日間静置する。その間時々木の柄杓でかきまぜ、それから一緒にもっと大きな桶中でかきまぜながら、そこへ体温より少し低めの二四〇ガンティングの白米、九六ガンティングのカビの生えた米、そして一八〇ガンティングの水をまたまぜ合わせる。この全部を再び大桶三つに分ける。一昼夜の間蓋を開けて監視し、またよくかき立てる。その後そこへもう一度最後の［温度］上昇をもたらす、三二〇ガンティングの全体が冷えた米、一二八ガンティングのカビの生えた米、そして二四〇ガンティングの水を加える」

これは初添、一日休む踊り、仲添、留添の説明である。

醪の総量は一七八六ガンティング、麴歩合は酛から醪まで一貫して四割だが、留添の水がやや少ないように思う。さていよいよ上槽となる。

「四日間このように放置した後、これを再び大きな柄杓でかきまぜ、そしてよくなったら［発酵がうまく進んだら］、約一五日間休ませ、そのあと麻袋の中でかきまぜる。各々の袋は四ガンティングの容積だが、これを大きな槽の中で圧搾する。その間使った桶をすべて沸騰した湯のなかで洗い、乾燥する。そして汚物や湿気が残らないように正確に注意し、そのあとこれを圧搾液で満たし、注意深く蓋をする。[滓が]沈むまでにはふつう一四日の期間がかかるが、そのあと底から四インチ上に栓[呑口]を刺すと、桶の中の透明な酒がそこを通って排出される。総量一一〇〇ガンティングの、清浄で透明な酒ができることであろう。しかし作業中は何らかの病気に感染している人々が近寄らないよう、気をつけねばならない。何故なら、さもないと酒はじきに腐るようになり、そして醸造酒全部が失われることになる」

使った仕込み桶を熱湯で消毒すること、病気に感染した者を酒蔵に近づけてはならないことなど、環境を清潔に保つことがいかに重要かをよく認識している。

最後は酒の飲み方、味についての説明である。

「酒は日本人のふつうの飲み物で、大抵温め、水とまぜて食事時に用いられる。しかし、バタヴィアその他では、これが食事前に飲まれ、大部分ブランデーのように加熱される。透明な茶色い酒は不快な味もせず、多くの人が健康に害がないと折り紙をつけることができる。しかし、はるかに強い、白いのが胃の中で収縮を引き起こすことは、日本人によってもまた確認されている」

輸出先のバタヴィアにおいて日本酒は食前酒として用いられていたことがわかる。「透明な茶色い酒」は古酒を、「はるかに強い、白いの」は焼酎を指すのだろうか。

酒に続いて「醬油の製造」も掲載されているが、こちらは二ページのごく短いものなので、全文の訳を掲げておく。

「醬油の製造は簡単で、以下のようなやり方で行われる。一ガンティングの搗いた味噌豆[大豆のこと]を取る。そこに一ガンティングの搗いた小麦または大麦と、十分と判断されるまでよく煎ってから、碾《ひ》いた小麦または大麦を入れて、適当な色になるように、これら三種を互いにまぜ合わせる。そして閉じた箱の中でこれにカビを生やすために八日間の期間が必要とされる。この混合物全体がカビで緑色になったら、その後これを箱から取り出し、丸一日太陽の下で乾燥させる。それから二・五ガンティングの沸騰した湯と一ガンティングの清浄な塩を取り、この水に完全に溶かす。その後これを塩のゴミが沈み、水が冷めるまで一昼夜静置し、水をきれいに流し出す。

続いて上述の三種をすりつぶし、一四日の間何度も柄杓でかきまぜる。小麦または大麦を使う。その違いは、大麦で醬油をつくるとはるかに味が薄くなる。小麦のそれはより濃く、たっぷりとしており、インクのように見える。

醬油は中国人にケチャップと呼ばれ、大変素晴らしくおいしい塩として、オランダ同様バタヴィアでも焼肉に多く使われている」

このケチャップとはトマトケチャップのことではなく、インドネシアの中国系住民がつくる調味料で、黒大豆に麴カビをつけ、塩を加えたもの。焼肉に醬油のたれを使うことは、すでにこの時代オランダ人がはじめていたわけで、なかなかおいしいものだったろう。

以上ティッツィングの報告は、科学者のような冷静な観察眼が感じられ、酒、醬油ともに製造の要点はきちんと押さえてある。何よりも、他の紀行文では滅多にお目にかかれない量的記述が残されているのが有り難い。江戸時代全期間を通じ外国人としてもっともすぐれた日本酒、醬油紹介をしたのはティッツィングである。

貿易・外交と酒

日本酒はワインとちがって世界中で流通した酒ではないが、オランダ東インド会社(略称VOC)によって、一六五〇年頃から少量ではあるが輸出されていた。ツュンベリーがバタヴィアで見た酒も恐らくこれであろう。

長崎のオランダ商館長が江戸参府の折にワインや火酒《かしゅ》(蒸留酒)を将軍綱吉や諸大名に献上して大いに喜ばれたことは、ケンペルの紀行文も述べているが、日本酒の方はジャワ、ヨーロッパにどれくらい渡ったのだろうか。オランダ側の資料としては、江戸時代のほぼ全期間をカバーするオランダ東インド会社の公用日記が挙げられよう。ハーグの文書館に保管されており、マイクロフィルムに収められて日本へも送られて来ているので、現在までに翻訳されている分に当たってみた。だが、その商館日記には、日本からの酒、醬油の輸出に関する記事はあまり多くはない。

『長崎オランダ商館の日記』によると、酒の輸出開始は一六五〇年頃らしい。一六五二年六月二日の記事に、オランダ商館が大坂に注文し、大坂から到着した船の積み荷に銅、貨幣とともに酒二〇〇樽が含まれている。また翌一六五三年八月二八日の商館長コイエットの日記には次のような記事がある。

「当地でトンキンとシャムのために注文した酒三〇〇樽を大坂の海老屋四郎右衛門から受取り、トンキンの王子のりんず四〇反には、京都で絵をかかせるため、同人の使いに渡した。これは支那人ピンクワに託したカイゼル君の書翰に記された依頼によるものである」(『長崎オランダ商館の日記』村上直次郎訳、岩波書店)

長崎にはよい酒がないとのことで、大坂から来た酒の一部は奉行に贈った。またシャムは現在のタイ、トンキンはベトナム北部だが、こんな遠くまで日本酒は輸出されていたのである。誰が飲んだのか、アジア人は日本酒の味を好んだのかは不明である。

やや時代は下るが、オランダ商館付のドイツ人医師ケンペルも江戸参府に同行した折、大坂に滞在し、この町の繁栄ぶりを詳しく伝えている。彼は大坂の酒について、

「ところで、この地の飲料水は少し泥臭くて悪い。けれども全国一のよい酒を飲むことができる。この酒は隣接する天王寺という村で造られ、大量に他の地方へ出され、またオランダ人や中国人によって輸出もされている」(『江戸参府旅行日記』斎藤信訳、平凡社)

と書き残している。

天王寺の酒は「天王寺諸白」と呼ばれ有名だったが、大坂酒が一七世紀の半ばから輸出されていたことは間違いなく、行き先はやはりトンキン、シャム、ジャワあたりだったらしい。酒の輸出に関しては、その他外国人の日本紀行文中にもいくつか記事がある。

長崎にはオランダ船ばかりでなく、多数の中国船が来航していたことは見落とされがちだが、酒の中国(当時は清)向け輸出の方はどうだったか。中国人との通訳にあたる者を唐通事《とうつうじ》と称したが、彼等の公用日記『唐通事会所日録』に少しだが航海用の酒のことが出てくる。寛文八年(一六六八)、中国船の船長に示された日本からの輸出禁制品中に酒と油が入っているが、航海中の携帯用に少し持って行く分はかまわないと、但し書きがついている。その量だが、同年出港に際して酒の支給を要望した四四人乗りの一番船(その年入港した順に番号をつける)に、日本側は一斗二升入り樽を一九樽、一人当たり約五升一合宛支給することにした。

続いて二番船も酒と焼酎を要望したが、日本側は焼酎についてはその必要性を認めず、以後の支給量は一人当たり酒五升一合と定められた。総量は大したものではない。またオランダ人は一人当たり一升二合まで持ち出しを許されていた。

日本側は、中国人を隔離する目的で唐人屋敷を設けたのだが、長崎上陸中狭い唐人屋敷に多人数で住むことを強制された船員たちは無聊《ぶりょう》に苦しみ、たまった不満ゆえに仲間内でのケンカ、日本人への暴行、集団脱走、火事など次々と事件を起こし、日本側役人はその都度対応に追いまくられた。強い態度に出て処罰することもできず、せいぜい強制送還して再渡航を禁止する程度であった。

日本側では彼等が帰国する際、必要な買い物をするための店を唐人屋敷内に開かせたが、食料品は野菜、いりこ、ふかひれ、鰹節、魚、麦粉、粕漬、酒、酢、醬油、塩などが一通り揃っており、酒、酢、醬油、塩については日本人商人一二人を定め、そのうち毎日三人ずつを唐人屋敷に詰めさせた。

先の酒の量はここで中国人が一人で買うことのできる上限であるが、宝永五年(一七〇八)の輸出禁止品目にもまだ酒、焼酎、薬酒が含まれていて、航海用の酒は一人一升二合まで、ただし正徳三年(一七一三)以後は「唐人望次第《とうじんのぞみしだい》」と、事実上制限はなくなったようだ。

また一八世紀末の天明、寛政年間に来航した中国船には酒一〇〇樽、醬油一〇〇〇樽と、一時期かなりまとまった量が積み込まれている。しかし、取引先や方法、評価については、資料の不足からこれ以上のことは明らかにできない。

江戸時代の長崎の驚くべき豊かさは、出島および高島流砲術の高島家の発掘調査の際に出土した、おびただしい数の日本、中国、ヨーロッパ製高級陶磁器などによっても明らかになった。オランダ人が持ち込んだジンのガラス瓶、酒瓶(イギリス製、フランス製)、

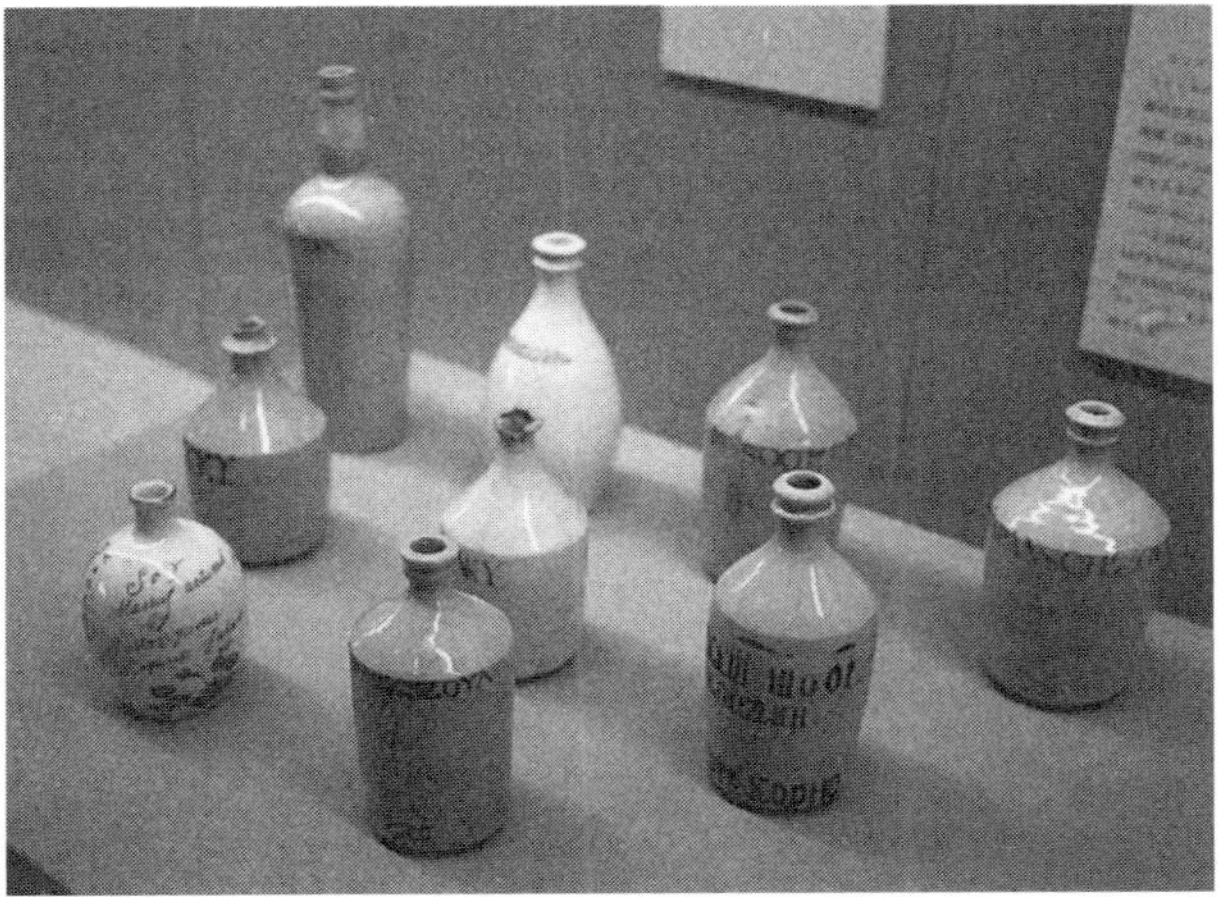

コンプラ瓶のいろいろ．手前の醬油瓶にはコンプラドールの略CPDの文字が見える．（長崎市立博物館）

日本製コンプラ瓶の破片が出土し、酒の東西交流が結構盛んだったことがうかがえる。狭い出島に閉じ込められたオランダ商館員たちはうさ晴らしに大いに酒を飲んだのだろう。

さて最初樽からはじまった輸出用の酒容器は、のちにコンプラ瓶に変わった。コンプラ瓶というのは、長崎の「出島諸色売込商人」、俗にいう「コンプラ仲間」が幕末から酒と醬油の輸出に使った瓶のことである。コンプラの語源はポルトガル語のcomprador で、英語の buyer に相当する。コンプラ仲間はオランダ商館がまだ平戸にあった寛永年間に結成され、その子孫は明治まで商品の買いつけ、輸出を行った。オランダ商館長フィッセルは彼等のことを次のように描写している。

「商館のために出入りを許されている調達人たちがいるが、彼らはすべてのものを自分で製作するわけではなく、要求された品物を契約して出島に供給するのである。食糧に関しては、すべての品について、それぞれの調達人があり、この商人は町の中にも、また(出島の)橋のすぐ向こう側にも住んでいて、表門の処で二枚の板を互いに打ち合わせて、その合図で出島に呼び入れられるのである」(『日本風俗備考』庄司三男・沼田次郎訳、平凡社)

酒、醬油輸出用のコンプラ瓶が盛んに焼かれたのは、幕末の開港から明治二〇年頃までといわれる。産地である波佐見《はさみ》(現・長崎県東彼杵《そのぎ》郡波佐見町)の小柳家では明治、大正年間まで焼いていた。

長崎市の教育委員会によって昭和五九年(一九八四)からはじめられた出島の発掘調査では、多数の遺物とともに実に一〇〇〇本余りのコンプラ瓶が折り重なって出土した。使用後の瓶、破損した瓶を捨てたものらしい。有田焼ではなく、日用食器を中心に生産した波佐見の塗付白磁、同規格の瓶でJAPANSCH ZOYA(日本醬油)、あるいはJAPANSCH ZAKY(日本酒)と紺色の字で書かれている。

私が訪れた長崎市立博物館には九種類ものコンプラ瓶が展示されていた(醬油用七種、酒用二種)。いずれも少しずつ形が違い、何軒かの窯元で焼いたものらしい。それらは、

①縦長、大型で現在のワイン瓶様のもの。

②小型の白磁瓶。下部にコンプラドールの略CPDの文字が書かれているもの。容量は約五〇〇ミリリットル。

③sakky、あるいはsakkyと書かれた酒瓶。

④やや大型、キリル文字でヤポンスキー・ショウユ、ナガサキ、ベンゴロウ・コウノ(河野弁五郎か)と書かれたもの。

⑤丸っこい瓶で、花の絵が描かれている醬油瓶。英語と日本語で「大日本長崎港醬油森山製」とあるものなどである。

英語のものは明治時代、またロシア語のものは、安政元年(一八五四)、ロシア使節帰国の折に幕府が大量に贈った醬油瓶のうちの一本であろう。そのうちの一本がゴンチャロフからトルストイに贈られ、一輪ざしとして使われた。瓶がつくられた時代のこと、展示されるまでのいきさつを想像するだけで楽しい。よく見かけるのは②のタイプだが、コンプラ瓶は後年の複製品もあるらしく、CPDがついていないやや粗悪な仕上げの瓶が時折古物市に出ている。

酒、醬油の容器の歴史をたどると、中世以来の瓶が樽にとって代わられたが、幕末になって密封可能、長期間の保存に耐えるような瓶が再び登場したわけである。瓶の栓の方は残っていないが、炎暑の赤道を越える長期間の航海に耐えるためには、どうやって封印し、火入れ殺菌をしたのか等々、興味は尽きない。

対外関係が危機を迎え、開国から明治維新へと激動の続いた一九世紀前半から半ば頃は、それまでのオランダ東インド会社関係者の記録に加え、イギリス、アメリカ、ロシア、フランス人による紀行文も出版されはじめ、資料数も飛躍的に増加するが、ヨーロッパ人が極東の未知の国日本に強い関心を寄せたためであろう。

一八五八年の開港後は、外国人も江戸市中の店をのぞいたり、郊外へ遠乗りに出かけたりするようになって行動範囲も広がった。日本庶民の暮らしぶりも実にいきいきと描かれている。総じて彼等は日本に好意的で、風景の美しさ、人々の勤勉、親切な点をほめ、また手工業にたずさわる職人たちが器用で製品の質が素晴らしいことを挙げている。記者は外交官、軍人、画家などが中心で、酒造技術に関する記事はほとんどないが、明治時代に入ってイギリス人アトキンソン、ドイツ人コルシェルトらお雇い外国人が日本酒の科学技術研究を本格的にはじめる以前の印象を少し紹介しておこう。

ヘンリー・ヒュースケン(一八三二―六一、滞日一八五六―六一)は、アムステルダム生まれのオランダ人で、のちにアメリカに移住した。英蘭両国語が話せるため、下田に駐在した初代駐日アメリカ総領事ハリスの通訳として採用され、ニューヨークからはるばるアフリカの喜望峰を経由して、一八五六年八月、下田に到着した。領事ハリスをよく助けて仕事をし、また明るく人に愛される性格だったから、日本在住の外国人、日本人の間でも人気者だった。しかしプロシア代表部における夜のパーティーに出席した帰途、路上で攘夷派の日本人に襲撃されて悲劇的最期をとげた。

ヒュースケンは航海中各国の酒と美女を楽しんできたが、さて日本ではどんな名酒に出会ったのだろう。下田奉行主催の領事招待宴では、まずおいしいお茶を一杯御馳走になってから食事となった。下田奉行自ら領事ハリスの前で説明しながらお茶を入れ、箱と道具を領事に贈った。料理は日本側苦心の和洋折衷である。

「われわれは奉行と同じテーブルについた。別のテーブルには、二人の副奉行がついた。食事はスープ、鶏、廿日大根、生魚、煮魚、牡蠣、ソーセージなど、一二品以上あり、すべて漆塗りの椀に盛られていた。食事と同時に熱いサケが出た。それは米から抽出した飲物で、小さな陶器の盃に注がれるのである」(『ヒュースケン日本日記』青木枝朗訳、岩波書店)

煮魚の背には帆柱を立て、帆が張られていた。さていよいよ乾杯となったが、「第一奉行は私(ヒュースケン)の健康を祝って乾杯したいといった。彼はそういって日本の酒を小さな陶器の盃で飲んだ。私もそれに倣った。酒はいやな味がしたが、私は愉快そうな顔をしていた。すると、その盃は貴方にさしあげるから、お持ち帰りください、と言われた。それにつづいて同じような儀式を第一奉行や副奉行(支配組頭若菜三男三郎)たちとくりかえしたので、私はきれいな日本の盃をたくさん所有することになった。しかし、その恐るべき飲物が盃から胃に流れこむときは、口の中がたまらなくいやな感じだった」

えらく嫌われたものだ。外国人に日本酒を飲ませると、一杯目はおいしいという。どうやらこれは外交辞礼らしく、では二杯目をとすすめると、いやもう結構と断られることがある。彼等も心の中ではヒュースケンと同じようなことを考えているのかも知れない。

当時の日本人は酸っぱいボルドーの赤ワインこそ嫌いだったが、シャンパンは大好物で、パーティーではしばしば在庫がなくなるくらい所望した。ところが外国人にとっては、はじめて飲む日本酒はどうにもなじめぬ代物だったようだ。

日本酒は一般に甘口で、醸造酒にしてはアルコール濃度が高く、食前酒として少し飲むならよいが、西洋料理の食中酒には合わないし、また、本格的に酔っぱらうにはアルコール濃度が低い。多くの紀行文で日本酒の味をどう表現しているか調べてみたが、おいしいという評価はきわめて少ない。せいぜい「甘口のシェリー酒に似ている」くらいが最上のほめ言葉だろう。はっきり「いやな味」、あるいは強い酒を好むロシア人によると「気の抜けたラム酒のような味」などという辛辣な評もある。日本酒がワインのように世界的に普及したアルコール飲料とはなり得ず、せいぜいアジアのローカル酒にとどまった理由は、香りに乏しく、概して甘ったるく、酸味のないその味に原因があったと思われる。昨今の吟醸酒のごとく、これらの欠点が克服された時、はじめて普遍的な酒となり得るだろう。

同じ発酵食品でも醬油の方は外国人の間でも評判が高く、ルイ一四世の宮廷で食卓にのぼったといわれるし、プロシア使節の随行員などは醬油を絶賛し、ヨーロッパで大豆を栽培したいとまでいった記録もある。実際に試みられたようである。航海中の調味料として彼等が日本の寄港地で醬油を積み込んだ記録も多い。

一八五九年から一八六二年まで総領事として滞在したイギリス人ラザフォード・オールコック(一八〇九―九七)の『大君《たいくん》の都』(一八六三)は、幕末日本人の生活、宗教、産業など広範囲にわたる克明な観察をもとに書かれた鋭い文明批評である。オールコックは農業、園芸に関しても十分な学識を持ち、決して豊かではなく簡素だが、飢饉や窮乏の徴候も見られない穏やかな日本農民の生活を賞賛している。

日本の工業にも関心が深く、熱海では製紙工場といっては少し大げさだが、紙の製造所を見学した。ガンピ、ミツマタなど紙の原料となる植物についても先人ケンペルの著作を参照して一つ一つの工程をつぶさに観察し、和紙の長所もよく理解している。オールコックは日本の職人の優秀な技術をほめ、とくに磁器、青銅器、絹織物、漆器のデザインと仕上げは優秀で、ヨーロッパの最高級製品に匹敵するか、それ以上だと評価している。

酒についてはどうか。彼は長崎から江戸への旅行の途中で兵庫の造り酒屋にも立ち寄っているが、以下はその折の印象である。

「兵庫は、主に酒《サキ》の生産に力を入れているらしい。酒造のための大きな醸造所や倉庫が海岸に並んでいる。われわれは、醸造所のひとつに行ってみたが、空の樽などの道具以外にはなにも見当たらなかった。また醸造過程についても、信頼すべき知識は得られなかった。だが、道具はすべて大規模な製造にしてはもっとも単純な種類のものであった」(『大君の都』山口光朔訳、岩波書店)

各地の酒造博物館を今日訪れる人は、昔の酒造道具を見て、これと同じ印象を受けるのではないか。「なんだ木の桶や樽ばかりで機械なんか全くない。遅れている」というわけである。

他の工芸品と同じく、酒づくりも、杜氏の技術は頂点に達していたとはいえ、それはあくまで勘と経験に頼る職人技の世界であった。また酒造は一〇〇〇石以上の米を使用する、工場制手工業としては大規模なものだが、精米から仕込みまで豊富で安価な労働力が投入され、蒸気力や機械力とは無縁であった。

日本文明の内容とその水準についてオールコックが到達した結論は、日本人の文明は高度の物質文明であり、すべての産業技術は蒸気の力や機械の助けによらずに到達することができるかぎりの完成度を見せている。ほとんど無限に得られる安価な労働力と原料が、蒸気の力や機械を補う多くの利点を与えているように思われる、というものである。江戸時代の酒造についてもこうしたことがいえるであろう。

日本酒づくりの世界に蒸気の力や機械が本格的に入ってくるのはまだ大分先の話である。そのためにはまず米から酒ができる仕組みを解明することが先決だった。というと不思議に思われるかもしれないが、経験豊かな杜氏は酒のつくり方は知っていても、その仕組みまでは知らない。これはすべての工程が直接目で見える他の工芸品づくりの世界とはちがった、目に見えない微生物が働く酒の世界の難しいところで、どうしても科学の力を借りなければならない。ヨーロッパでは一九世紀半ばを過ぎた頃から酒づくりに科学のメスが入りはじめていた。

明治時代に入ると、お雇い外国人教師や日本人科学者たちが、日本酒づくりの科学的解明に乗り出した。しかし、酒の腐敗を防止すること、酛づくりで乳酸の果たす役割は何か、アルコールをつくるのは清酒酵母かコウジカビか、両者は同じ微生物なのか等々、解決しなければならない課題はまことに多かった。

こうした日本酒独自の課題は、西洋のビールやワインづくりの理論を直輸入しただけでは直ちに解決することはできなかった。それは日本人が自ら西洋の科学技術を学び、酒づくりの現場で理論と応用を結びつけ、試行錯誤しつつ一つ一つ解決する以外になかったのである。

参考文献

本書の執筆にあたり参照した主な文献を以下に掲げる。

日本酒の歴史、技術、酒造統制

1　坂口謹一郎『日本の酒』岩波文庫、二〇〇七年
2　秋山裕一『日本酒』岩波新書、一九九四年
3　吉田元校注『童蒙酒造記・寒元造様極意伝(日本農書全集五一)』農山漁村文化協会、一九九六年
4　柚木学『酒造りの歴史』雄山閣出版、一九八七年

京都の酒

5　鳳林承章著、赤松俊秀編『隔蓂記』一―七、思文閣出版、二〇〇六年

信州の酒

6　田中武夫編『信州の酒の歴史』長野県酒造組合、一九七〇年
7　『長野県史　近世史料編』第一―八巻、長野県史刊行会、一九七二―七六年
8　鎌原桐山「朝陽館漫筆」(『北信郷土叢書』第三巻所収)、北信郷土叢書刊行会、一九三四年

東北地方の酒

9 東京大学史料編纂所編『大日本古記録 梅津政景日記』一—七、岩波書店、一九五三—六一年
10 小葉田淳『日本鉱山史の研究』岩波書店、一九六八年
11 半田市太郎編『秋田県酒造史 資料編』秋田県酒造組合、一九七〇年
12 八戸市史編さん委員会『八戸市史 史料編 近世2』八戸市、一九七〇年
13 「初学勘定考弁記」(岩手県立図書館編『イーハトーブ岩手電子図書館 岩手の古文書』所収)、岩手県立図書館、二〇〇三年
14 宮本又次『小野組の研究』一—四、新生社、一九七〇年
15 早坂芳雄編『宮城県酒造史 本篇』宮城県酒造組合、一九五八年
16 伊藤豊松『会津酒造史』会津若松酒造組合、一九八六年
17 家世実紀編纂委員会編『会津藩家世実紀』全一五巻、吉川弘文館、一九七五—八九年

御免関東上酒

18 『新編埼玉県史 資料編16』埼玉県、一九九〇年
19 埼玉県酒造組合編『埼玉県酒造組合誌』埼玉県酒造組合、一九二一年

外国人の日本紀行文

20 村上直次郎訳『イエズス会士日本通信』上、雄松堂、一九六八年

21 ルイス・フロイス著、岡田章雄訳注『日欧文化比較』岩波文庫、一九九一年
22 ルイス・フロイス著、柳谷武夫訳『日本史』一、平凡社(東洋文庫)、一九六三年
23 土井忠生・森田武・長南実編訳『邦訳 日葡辞書』岩波書店、一九八〇年
24 『大日本近世史料 唐通事会所日録』一―七、東京大学出版会、一九五五―六八年
25 オールコック著、山口光朔訳『大君の都』上・中・下、岩波文庫、一九六二年

あとがき

京都の酒から話をはじめたので、京都酒造業のその後についても少し触れておきたい。明治の東京遷都は京都の衰退をいっそう早めた。が、新しい試みもいくつかあり、殖産興業の目的で明治三年(一八七〇)、鴨川西岸に京都府によって舎密局《せいみきょく》分局が設けられた。ここでは西欧科学技術を導入してセッケン、レモネードなどと並んでリキュールの製造が企画された。またビールについても、明治一〇年に麦酒醸造所、二〇年に民間の末広麦酒株式会社が設立された。

こうした新しい動きの中で日本酒の需要は減少していった。一方、伝統産業を守ろうとする目的で二三年には業界の有志が河原町蛸薬師《たこやくし》に京都酒造研究所をつくり、原料米と酒質の改良をはかった。しかしその詳しい内容については不明である。

その後主な酒造会社は、手狭な旧市内を離れて次々に南の伏見に工場を建設、移転して行った。昭和三年(一九二八)の時点では、その後移転した松屋(堺町二条「金鵄《きんし》正宗」)、沢屋(本町七条下ル「日出盛」)、秋山酒造(古門前縄手東「金瓢」)はまだ旧市内で製造を続けていたし、「長生殿」、「富世界」、「枝垂《しだれ》桜」、「頸飾《くびかざり》」、「豊明」、「この花」、「姫小松」、

「花司《はなつかさ》」などの優美な銘の酒もあった。

私が大学に入学した昭和四〇年(一九六五)前後でも、江戸時代から続いた中京区の「この花」のほか、上京区の呉竹酒造や都酒造はまだ酒をつくっていた。今でも覚えているが、大学の正門からまっすぐ鴨川の方へ歩いて行くと、いかにも落着いた雰囲気の松井酒造(「富士千歳」)の酒蔵があり、冬になると新酒ができたことを知らせる杉葉の酒《さか》林《ばやし》が軒先につるされた。その頃はまだ大して酒に関心もなかったが、もっとあちこち酒蔵を訪ねておけばよかったと悔やまれる。

最近、『京都市工場名簿』や住宅地図を手に、昔酒蔵が建っていたあたりを歩いてみた。上京の狭い路地にはかつてはこんなところに多くの酒蔵が集中していたのかと驚いた。現在酒蔵の跡地は、マンション、駐車場、更地《さらち》になっており、旧市内に残る酒蔵は松井酒造(「富士千歳」)、佐々木酒造(「聚楽《じゅらく》」、「古都」)と安田酒造(「龍盛《たつざかり》」)の三軒にすぎない。酒蔵がなくなってしまった理由は、地下水の汚染や杜氏の高齢化もあるが、それよりも狭い路地には原料の搬入、製品の搬出をする大型トラックが入りにくかったためらしい。

昔から京都の酒造業は、地下水に恵まれた堀川通の東西に発展したが、最後まで残った酒屋もまたこのあたりにある。業界には、「灘・大名、伏見・商人、京・職人」とそれぞれの産地の性格を評した言葉があるそうだが、京都の酒屋も、小さくともなんとか職人の意地で酒をつくり続けてほしい。

さて拙著『日本の食と酒――中世末の発酵技術を中心に』(人文書院)が刊行されたのは、五年前の晩夏のことである。できばえはともかく、私にとってはじめての本を全力を尽くして書き上げたという充実感があった。食と酒というのは誰もが日常味わい、自分なりの見解を持ちうるものだから、多くの方々が関心を寄せて下さり、激励のお言葉や貴重な資料の提供を受けることができたことはまことに幸いだった。私がその後実験科学から食と酒の歴史研究へと本格的に転じるきっかけとなった思い出深い本である。

最初の本ということでいささか気負いもあり、研究書は正確な引用こそがまず大事だと考えたから、繁雑だとは思ったが一々注を付け、学会誌の論文をそのまま転載した章もあった。したがって、「この本は漢字と注だらけでまことに難しく、読むのが疲れる」との批評も受けることになった。今度書くならあくまで人の真似でないテーマを選び、酒造技術もわかりやすく解説した、もう少し楽しく読める本にしたいと考えていたところ、朝日新聞大阪版に連載された『中世の光景』(朝日選書として一九九四年に刊行)の仕事が御縁となって、酒に関する本を書いてみないかとのおすすめをいただくことになった。

私事ながら朝日新聞社は埼玉県熊谷近くの村から上京した父方の祖父が長年お世話になっていた会社である。特別の思いもあったので、『童蒙酒造記』の現代語訳の仕事が一区切りついたこともあり、喜んでお引き受けすることにした。

前回取り上げた中世の酒造技術と社会に関しては、もちろん現在も大いに関心はあるのだが、新たに文献資料が発見されるか、酒蔵の発掘でも行われない限り、残念ながらこれ以上研究の進展は望めそうにない。醬油や水産食品の歴史、禅宗寺院の食生活なども魅力あるテーマだが、まだしばらくの間は酒にこだわり続けていたい。

そんなわけで約五年前から次の研究テーマを求めて図書館に通い、「酒」という字がつく文献には片っぱしから当たってみた。江戸時代はどうだろうかと探したが、酒の生産量を書き上げただけのまことに無味乾燥な資料が多く、技術の実態をいきいきと伝えてくれるものは少なくて、がっかりすることが多かった。

たまたま弘法大師空海の伝記を調べる機会があり、オランダ人ティッツィングの論文、「酒の製造」に出会ってから光が見えてきたように思う。オランダ語を一から勉強して、そこに書かれている酒の製造法を何としても読みたいと思った。以後外国人による日本酒紹介に興味を持ち、さまざまな日記、紀行文を集中的に読んでいった。また数多くの地方資料に当たるうち、御免関東上酒の詳細がわかり、関西以外の地方における酒造技術、工業としての酒造業の発展史にも興味を持った。酒造技術書の現代語訳を手がけたことも文献を読む上で大きな助けとなった。こうして関西から地方、特に東北地方への酒造技術の伝播と、世界の酒の中における日本酒の位置づけという本書の構想が次第に固まってきたのである。

文献資料の数は、時代が一つ新しくなるごとにおよそ一〇倍ずつ増えるという話を以前聞いたことがある。数が少ない上に難解な中世文献を読むのに前回散々苦労したが、今回の近世は資料数も比較的多く、読解もだいぶん楽になった。しかし資料の取捨選択が適切であったか、事実をどれだけ正確に伝えることができたか、いささか心もとない。

私は、この数年東北、信州、九州各地の図書館を研究旅費をやりくりして訪れてきたが、最近はどこも内容が充実しているのに驚かされた。図書館はその県の文化水準を示す指標であろう。時間と費用さえ許せば、週単位で滞在して調査をしたいと嘆息したものだ。また大好きな弘前や飯田の町は、いずれ折をみてゆっくりと歩いてみたいと思う。

本書を執筆するにあたり、多くの方々の御世話になった。国立国会図書館、各地の県立図書館をはじめ、酒づくりの現場における貴重な経験を御教示下さり、各種研究会に御紹介いただいた月桂冠(株)の栗山一秀氏、貴重な資料を提供いただいた本願寺史料研究所の左右田昌幸氏、多くの有益な助言をいただいた国立民族学博物館の石毛直道先生、関西学院大学の柚木学先生、関西農業史研究会の会員諸氏に心から御礼を申し上げたい。

一冊の本が世に出るまでには、編集、校正、印刷の段階で多くの方々の協力が欠かせないが、京都まで何回もお越しいただき、ついつい興味が拡散して脱線しがちな私の文章の軌道修正をして、読みやすい本をつくるまで多大の御協力をいただいた朝日新聞書籍編集部の田巻育実さんには特に感謝申し上げたい。

酒造技術史や食物史といった地味な研究分野は、まだまだ研究者の職場も限られており、発表の場も少ないのが現状である。したがって研究発表は必ずしも論文という形にこだわる必要はない。こうした分野に少しでも関心を持つ方々に本書を読んでいただき、御批判を賜われば幸いである。

一九九六年秋　洛北松ヶ崎にて

著者しるす

【初出一覧】　本書は、左記の論文に大幅に加筆したものである。

第一章　「六条寺内町の酒屋」『本願寺史料研究所報』(第一三号、一九九五年)
第二章、第三章　「江戸時代の信州酒造業(一)」『酒史研究』(第一一号、一九九三年)、「江戸時代の信州酒造業(二)」『酒史研究』(第一二号、一九九四年)
第四章　「梅津政景と酒」『日本歴史』(一九九五年一月号)
第五章　「御免関東上酒」『日本醸造協会誌』(第八七巻、一九九二年)
第六章　「外国人による日本酒の紹介(一―三)」『日本醸造協会誌』(第八八巻、一九九三年)、「コンプラ瓶」『日本歴史』(一九九四年一月号)、「食の風景」『おむろ』(第七巻、一九九五年)

岩波現代文庫版あとがき

最初の著書である『日本の食と酒』(人文書院、一九九一年。講談社学術文庫、二〇一四年)を書き上げた後、私は実験設備がなくてもできる日本酒史の文献研究へと全面的に方向転換することにした。しかしその頃本格的に日本酒史研究に取り組んでいる研究者は、灘酒経済史の柚木学先生や発酵学の坂口謹一郎先生以外にはなかったから、次は何を研究テーマに取り上げようかとずいぶん迷った。

いろいろ考えた末、奈良、京都にはじまる日本酒の歴史の中で、関西の先進地から信州、東北地方への技術導入の歴史に焦点を絞ることにし、資料を求めて各地の図書館を訪れた。大学の個人研究費もかなりふえてきた頃で、調査旅行に出かけられるのがとてもうれしかった。研究が楽しく、一番充実していた時期だった。

一九九七年に朝日新聞社から刊行された本書はすでに絶版となっており、古書も入手しづらい状況だったが、『近代日本の酒づくり』(岩波書店、二〇一三年)でお世話になった岩波書店編集部の入江仰さんが目をとめて下さり、このたび岩波現代文庫の一冊として再刊されることになった。入江さんの懇切丁寧な助言には心から感謝申し上げたい。これで日本酒史に関する五冊の拙著すべてが揃うことになった。

しかし今改めて読み返してみると、若い頃に書いた文章は未熟で、気負いや回りくどい表現も多いのが気になった。今後も長く読まれることを期待し、気になる個所にはこの際手を入れることにした。

長期低迷が続き、復活の見込みはないとまで思われた日本酒も、最近の和食ブームと共に注目されるようになって、海外輸出もふえていることはうれしい。しかし、おいしい酒はどれかという情報は山ほどあっても、歴史について述べた本は案外少ない。本書が日本酒の歴史に関心を持つ読者の手助けとなれば、まことにさいわいである。

あの頃訪れた酒蔵はその後どうなっているだろうか。御免関東上酒の舞台になった埼玉県熊谷市の酒蔵は廃業してしまったが、信州上田や飯田の小さな酒蔵はよい酒をつくり今も健在である。一番好きな弘前へは、その後もリンゴ酒の調査で何度も通ったが、青森県の酒造史もいずれまとめてみたいと思う。

京都東寺のミニ大学で細々とはじめた私の日本酒史研究も、なんとか三〇年余り続けることができた。定年後に思いがけず何回も出版の機会を与えられたことは、単なる偶然、幸運とばかりは言えないものがある。おかげ様で古代から現代までの日本酒の歴史をつなぐ著作をまとめることができた。その間常に励まして下さった多くの方々には心から御礼を申し上げたい。

私の研究の原点である京都酒については、その後『京の酒学』(臨川書店、二〇一六年)として、また古代酒、神酒、飲酒習慣などについては、『ものと人間の文化史 酒』(法政大学出版局、二〇一五年)としてまとめることができた。本書とあわせてお読みいただければまことにさいわいである。

二〇一六年一〇月　多摩丘陵にて

著者しるす

解説　「東京の酒」の心意気

豊島屋本店
吉村俊之

『江戸の酒』は、これまで広く知られていない部分を含めて、歴史的資料に基づき日本酒について書かれた画期的な書物です。京都における酒造りから始まり、日本酒造りの歴史、寛政改革の際に試みられた関東での上等な酒造り、そして江戸時代において外国人から見た日本酒などについて、原資料に接し、また時には実地調査に基づいて書かれています。

特に、第六章「外国人の見た日本酒——つくり方と味をめぐって」では、宣教師、貿易商人、長崎オランダ商館員、外交官の膨大な記録に関して原書を探され、解読された上での記述で、他にはない珠玉の内容と考えます。

今回、岩波現代文庫に『江戸の酒』が収録されるにあたって、本書では評判の悪い「地廻り悪酒」として描かれている関東(東京)での日本酒の醸造販売に携わる立場から、ささやかな「心意気」をお伝えしてみたいと存じます。

本書は、全六章から成っています。第一章「花の田舎の酒」では、著者の吉田元氏が長年住まわれた、京都における近世酒造史が述べられています。中世の京都では、日本最初の酒銘つきの酒である「柳酒《やなぎざけ》」が生まれました。江戸時代初期の寛文九年(一六六九)には、洛中洛外で大小合わせて合計一〇八四軒もの造り酒屋がありました。文化の先進地らしく、「花橘《はなたちばな》」、「若緑《わかみどり》」、「音羽《おとわ》」などの優美な銘が全ての酒につけられていました。

しかし、一八世紀に入り、他地域で発展した安く旨い酒が京都に流入することで、小規模な造り酒屋が衰退するに至ります。大津、伊丹、池田、灘、西宮という新興勢力の発展と共に、徐々に旧勢力が力を削がれていく構図の中に、様々な悲喜劇が織り込まれています。このような栄枯盛衰は、現代においても多く見られることです。

第二章「酒づくりの技術」では、日本酒の技術の歴史が描かれています。「一麴《こうじ》、二酛《もと》、三造《つく》り」と言われるように、日本酒では「麴」の出来具合がたいへん重要です。発酵の際、糖を元に酵母がアルコールと二酸化炭素(炭酸ガス)を生み出すことで、アルコール飲料が生まれます。米を原料とする日本酒の場合、米は糖ではないため、麴菌による米の「糖化作用」が必要となります。このため、米の澱粉を糖に変えた「米麴」が酒造りでは必須となります。ワインの場合、原料であるブドウ果汁には既に糖が含まれているため、新たな糖化は不要です。そして、発酵タンク内では、麴菌による「糖化反応」と酵母による「発酵反応」が同時に進む「並行複発酵」が進行するため、日本酒造りプロセスの制御は非常に難しいこととなります。

また、日本酒はきわめて腐敗しやすい酒であるため、品質劣化を抑えることが酒造りに求められていました。これに対する回答として、日本人が経験の中で編み出したのが「火入れ」(低温加熱殺菌)です。出来上がった酒を六五度付近まで加熱すると、酒の腐敗が大幅に抑えられるようになりました。フランスの細菌学者パストゥールによる低温加熱殺菌法の科学的解明に先立つこと三〇〇年前に、日本人は既に経験として、そのことを習得していたことに驚かされます。「温度計一本ない時代の発酵管理には、人間の五感が最大限に利用された」と本書で書かれているように、五感の全てを駆使して醸されたアルコール飲料が日本酒なのです。

現代でも、基本的な製造方法は踏襲されていますが、米や酵母の選択、作り方の工夫などを織り交ぜて、様々な個性的な日本酒が各地で醸されています。

第三章「酒造統制と酒屋の盛衰」では、意外と知られていない統制の歴史が描かれています。「原料に大量の米を消費する酒造業は、常に食料と競合せざるを得ない宿命」にあり、天候や経済状況に翻弄されていました。豊作で米価が下落した享保年間には酒造は奨励されましたが、飢饉の時代を中心に全体としては酒造が制限されることの方が多かったと言えます。ただし、税収や米価の調整機構として酒造業は重要と位置付けられていたため、凶作時でも完全に酒造りが禁止されることはありませんでした。

江戸時代、酒屋は「目まぐるしく変化する酒造統制策に翻弄され続け」、「酒屋にはかなりの才覚が必要だった」と言えます。一七世紀初頭、幕府は酒屋を江戸、京都、大阪などの大都市、その他は、宿場町などに限り、農村での酒造りを基本的に禁じていました。しかし、一八世紀に入り、米を入手しやすい富農層の中から酒造業に進出する者が出て、「近世農村工業の萌芽」が生まれました。後の一大産地となる灘地域も、一八世紀初頭は小規模農家から生まれた酒屋が始まりと書かれています。その後、「享保末年以来の米価の下落、宝暦四年(一七五四)の幕府の酒造勝手造り令による奨励政策のもとで急速に発展」を続け、大規模な生産地へと変貌していきます。

今では、酒造の統制は全くありません。その一方で、酒造りに適した人気の米は時に入手しづらくなり、新たな競争の時代と言えます。

第四章「東北諸藩の酒づくり」では、話が転じて、江戸時代の東北諸藩の酒事情について触れています。第三章でも述べられたように、酒造りは幕府の統制政策に大きく影響を受けました。凶作によりしばしば米が収穫できない東北では、特にその影響が大きかったと言えます。「本来熱帯性の作物である稲を寒冷な東北の地で栽培することは、数年に一度は凶作、飢饉に見舞われることを覚悟せねばなら」ず、食べる米の確保を優先した場合、酒造りの厳しさがより一層明らかになります。

藩財政の苦しさから、「納められた年貢米の一部が酒屋に売却されて酒になり、売代金が江戸へ送られ」るという悲しい事実もあり、「人間はこうした飢饉の最中でも、なお酒を求めるもののようである」と吉田氏は冷静に当時の状況を分析しています。このような人間の酒への希求は、時代が変わっても、根強いもののようです。

第五章「御免関東上酒」では、関東において品質の高い酒造りを目指した動きが描かれています。江戸時代、「関東の酒造業は依然小規模、未発達であり、酒の品質も劣るものだった。「下《くだ》り酒」に対して関東酒は「地廻《じまわ》り悪酒《あくしゅ》」などと蔑称されることが多く、一大消費地である江戸に隣接していながら、良い印象を持たれていませんでした。この状況に対し、幕府は寛政二年（一七九〇）に、武蔵、下総国の合わせて一一軒の酒屋に米を貸与し、上質の酒造りを命じました。この酒を「御免関東上酒」と称し、江戸においで販売させようと目論みました。確かに、酒の品質向上には貢献しましたが、最終的にはこの企ては失敗に終わりました。

老中松平定信による寛政の改革の流れで行われたこの政策の背景には、関西からの下り酒が年間約七〇万樽と膨大となり、金銀が一方的に関東から関西に流出する貨幣事情がありました。幕府からの優遇措置を施された関東の造り酒屋は、努力を重ねて良い酒造りに励みました。しかし、出荷後の品質管理に問題があり、売れ残りが多発することとなりました。このため、品質管理や販売の厳しい競争を勝ち抜いてきた「下り酒」の後塵を拝することとなりました。

天候不順、凶作、米不足の中で一〇年余り続けられた「御免関東上酒」は、豊作による余剰米が出るに至り、「酒造勝手造り令」が出され、酒造りの制限が撤廃されることで、自由競争の時代となり、事実上は廃止となりました。「私には御免関東上酒の計画自体が無理に成長を急いで倒れてしまった桐の木のように思えてならない。」と、吉田氏は幕府の失政を厳しく批判しています。

製造技術の向上があっても、消費者に届くまでの視点を欠き、品質管理やマーケティングへの配慮がなければ、その商品は価値を落とします。この点は、現代においても全く同様です。そして、明治以降、関東の各蔵は多くを学び、現在では、過去の汚名を返上しています。

最終の第六章「外国人の見た日本酒」は、始めに書きましたように、本書の珠玉の章です。「世界の酒の中で、日本酒はどう位置づけられるのか」に吉田氏は長年関心を持って、「まとまった研究はほとんどない」状況にあって、道を切り拓いています。戦国時代から明治時代にかけて日本を訪れた多くの外国人が残した膨大な文献には、日本酒について記載したものが多くあります。吉田氏は、それらの文献で翻訳がないものには、新たに語学を学びながら、一つ一つ丹念にあたっています。

イエズス会の宣教師ルイス・フロイスは「われわれの間では葡萄酒を冷やす。日本では(酒を)飲む時、ほとんど一年中いつもそれを煖《あたた》める」と、当時の日本酒の飲まれ方を記しています。出島のオランダ商館長のイサーク・ティッツィングによる『酒の製造』では、記述に誤りは含まれるものの、冷静な観察眼により、量的な内容も踏まえて記録されています。これにより、「江戸時代全期間を通じ外国人としてもっともすぐれた」日本酒紹介を行ったのがティッツィングであることを、吉田氏は示しました。

また、驚くべきことに、一六五〇年頃から、オランダ東インド会社により日本酒は少量ながら、既に輸出されていました。大坂の酒が、トンキン、シャム、ジャワ、中国などに出荷されていました。

当時の外国人の間で日本酒は、あまり高い評価を得ておらず、「いやな味」、「気の抜けたラム酒のような味」と概して辛辣に評されていました。吉田氏は以下のように記します。「日本酒がワインのように世界的に普及したアルコール飲料とはなり得ず、せいぜいアジアのローカル酒にとどまった理由は、香りに乏しく、概して甘ったるく、酸味のないその味に原因があったと思われる。昨今の吟醸酒のごとく、これらの欠点が克服された時、はじめて普遍的な酒となり得るだろう。」

現在、和食の広がりと相まって、日本酒は海外に受け容れられ始めています。世界の多くの人々が、Sakeとして日本酒を楽しまれるようになり、吉田氏の危惧が克服され始めていることは喜ばしいことです。

＊　＊

ところで、これ以降、私共「豊島屋本店」や日本酒の状況について記します。私共の起源である豊島屋《としまや》は、慶長元年(一五九六)に江戸鎌倉河岸(現在の東京都千代田区内神田一丁目付近)で、初代豊島屋十右衛門《じゅうえもん》が酒屋兼一杯飲屋を始めたのが始まりの、東京最古の酒舗と言われています。江戸時代の有名小説『東海道中膝栗毛』(十返舎一九著、岩波文庫)冒頭の発端部分に、

「江戸前の魚の美味に、豊島屋の劒菱《けんびし》、明樽《あきだる》はいくつとなく、」

という記述があります。「劒菱」は今に続く伊丹の銘酒で、豊島屋が販売していたことが書かれています。

初代十右衛門は、商売上手だったとの言い伝えがあり、関西からの「下り酒」の明樽(空き樽)を販売することでも利益が得られたため、一説では、酒自体の価格を原価販売することで、販売量を増やしたと言われています。

また豊島屋は、店先で酒を量り売りする立ち飲みの店、いわゆる「角打《かくう》ち」の元祖とも言われており、自然とおつまみをお出しして、居酒屋の商いも始めたようです。おつ

まみとして良く知られたものが「田楽《でんがく》」です。これは、大きめの豆腐に味噌を塗り、焼いてお出しするものです。豊島屋の田楽は大きく安く、また味噌が辛めのため、酒が進みました。吉原近くにある真崎稲荷《まさきいなり》神社境内の茶屋では、上品な「真崎の田楽」が出されていました。川柳に、

「田楽で　帰るが本の　信者なり」
「真崎で　豊島屋を云う　下卑たこと」
「田楽を　持って馬方　叱りに出」

とあり、江戸の人々は二つの田楽を比較して楽しんでいたようです。

また、本書第三章にも記されていますが、十右衛門を語る際に重要なこととして、白《しろ》酒《ざけ》があります。ある日、夢にお雛様が出てこられ、その教えの通りに十右衛門が白酒を造ったところ、非常に美味しいものが出来上がり、お雛祭の前に売り出したところ、たいへん好評を博しました。これがきっかけで、お雛祭に白酒を飾る、あるいは飲むという風習が広まったとも言われています。当時、女性がアルコールを飲むことは憚られていたと言われる中で、お雛祭の白酒は許されたようで、この白い、また甘い酒が江戸中の人気となりました。このため、江戸時代、

「山なれば富士、白酒なれば豊島屋」

と詠われたようです。

図1の風景は、江戸時代後期に編まれた江戸の観光案内に相当する『江戸名所図会《えどめいしょずえ》』（長谷川雪旦画、天保七年〈一八三六〉）第一巻に描かれています。この「鎌倉町　豊島屋酒店白酒を商ふ図」には、多くの人々が白酒を求めて店頭に集まっている様子が描かれ、以下のように書かれています。

「例年二月の末　鎌倉町豊島屋の酒店に於て雛祭の白酒を商ふ　是《これ》を求んとて遠近の輩　黎明より肆前に市をなして賑《にぎわ》へり」

と、多くの人々が朝早くから白酒を求めて店頭に集まっている様子が生き生きと描かれ、白酒が人気を博していたことが分かります。普段は、酒や醬油を販売していましたが、「酒醬油相休申候」と書かれ、白酒のみを販売することを示した看板が立て掛けられています。入口付近には竹矢来が建てられ、上には医師と鳶《とび》の人々が待機しており、気分の悪くなったお客様を引き上げて、介抱したとのことです。一夜で四斗樽（七二リットル）一四〇〇本（一升瓶換算で約五万六〇〇〇本）を販売したとの記録もあり、いかに多くの江戸っ子に支持されていたかが分かります。大田南畝《なんぽ》(蜀山人《しょくさんじん》)著の『千とせの門』(文化一四年〈一八一七〉)には、以下の記述があります。

「二月一八日より一九日の朝まで鎌倉町なる豊島屋が店にて白酒千四百樽売りしと聞て申遺しける。
山川の酒のかけたるしがらみは　道もさりあへぬ　豊島屋が門
樽とくり鎌倉をいくかえり　かわんとしまや　うらんとしまや」

このように、お蔭様で豊島屋の白酒は、江戸の人々に支持されていました。

鎌倉河岸には、毎日のように上方から樽酒が届き、豊島屋では重い樽を運ぶ大勢の「樽ころ」が働いていました。『江戸府内絵本風俗往来』(明治三八年〈一九〇五〉)に、樽ころ達の力強い働きぶりと、夕方から曲芸のようなものをしていた様子が書かれ、樽ころの中でも特に有名だった「鬼熊」について、以下のように描かれています。

「鬼熊は素《もと》鎌倉河岸酒店豊島屋抱《かか》への樽ころなりしより安政頃のことなりけるが鬼熊醤油樽壱個ずつを両手に提げ二個の四斗樽の太縄に足首をかけて下駄となし……」

鎌倉町《かまくらちやう》
豊島屋《としまや》酒店
白酒《しろざけ》を
商《あきな》ふ図

図 1　『江戸名所図会』より「鎌倉町豊島屋酒店　白酒を商ふ図」

このような力持ち達は江戸の気風の中で喜ばれ、大きな石を軽々と持ち上げてみせる「力石」競争が寺院などで行われました。浅草寺《せんそうじ》、牛嶋神社(墨田区向島)、鳥越神社(台東区鳥越)の境内には「豊島屋」の銘のある力石が残っています(図2)。

時代は下って明治中期、一二代当主の吉村政次郎は、自らの酒を醸したいとの気持ちから、兵庫県灘地区に蔵を設けました。この際、私共の手印の酒銘である「金婚正宗」を醸し始めました。当時、明治天皇が銀婚式をお迎えになり、末永くお幸せであることを願って命名したと言われています。その後、昭和初期に、政次郎は醸造発売元として豊島屋を豊島屋本店とすると共に、同時期、蔵を東京西部の東村山市に移設し、豊島屋酒造を創立しました。以来、東村山で「東京の地酒」としての清酒「金婚」、白酒、味醂を醸造しています。

現在、清酒「金婚」は、明治神宮、神田明神の唯一の御神酒として、お納めしています。特に、明治神宮には、大正九年(一九二〇)の御創建時からお納めしており、『明治神宮に関する美談集』(明治神宮社務所編、大正一三年〈一九二四〉)に、以下のように、「永久にお神酒の献納」と題して紹介されています。

「江戸の頃から白酒を以つて知られた、神田美土代町の豊島屋に、金婚正宗といふ

図 2　浅草寺境内の力石

淡島堂の近くに立つ熊遊(くまゆう)の碑．明治 7 年(1874)に豊島屋の熊治郎(通称，鬼熊)が持ち上げた百貫(約 375 kg)の力石を碑にしたもの．碑の足元にも，いくつもの力石が置かれている．

酒がある。先帝銀婚の御式に當り聖寿を祝ぎ奉つて、かく名づけたものだといふ。(中略)月々四斗入一樽づつ永久に献ることとした。現に朝御饌の供御として用ひて居るは此の酒である。」

私共の行動規範は、「不易流行」(英語では"Continuity with Change")です。これは、松尾芭蕉の言葉と言われ、「不易(守るべきもの)」と「流行(変えるべきもの)」のバランスが必要であると解釈しています。私共の商いにおいて「不易」とは、信用、信頼、品質、暖簾であり、何としても守らねばなりません。一方、「流行」とは、マーケティング、商品開発などで、時代の変化に応じて変わっていかなければ、古ぼけてしまいます。即ち、「不易は頑なに守り、流行は大胆に変える」が肝要と考えています。商品では、「白酒」は「不易」の代表であり、最近開発した瓶内二次発酵を用いた発泡性の日本酒「綾《あや》」や、創業者名を冠したこだわりの純米無濾過原酒「十右衛門」は、「流行」の一例と考えます。また、口伝の家訓として、「お客様第一、信用第一」が代々言い伝えられており、初代の言葉とされる「人より内輪に利得をとりて、よく得意とるべし」(他様より利益を少なくしても、お得意様を増やすべきである)と共に、日々の商いにおける指針としています。お蔭様で、私共の酒は味わい深い「東京の地酒」として御評価いただいております。

現在、東京には、酒蔵が約一〇軒あります。日本酒の品評会にあたる「全国新酒鑑評

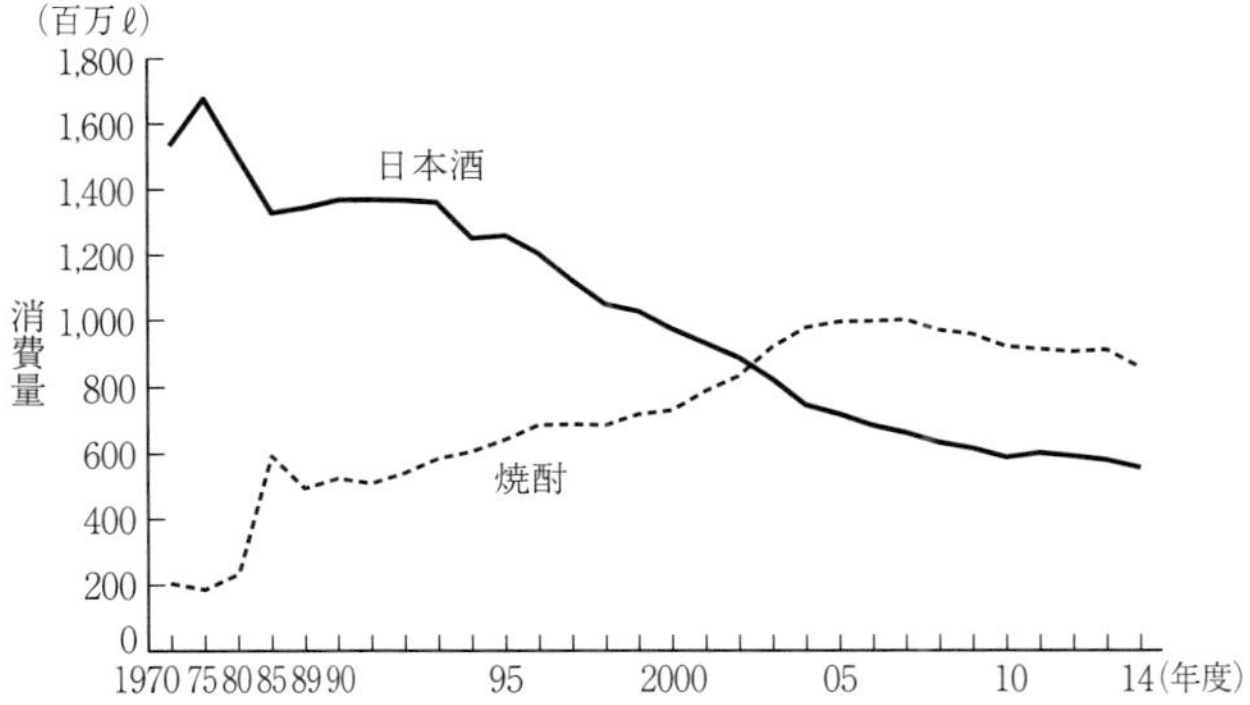

国税庁『酒のしおり』(平成28年3月)より作成

図3　日本酒と焼酎の消費量の推移

会」において、私共の清酒「金婚」を含め、毎年数蔵の酒が金賞を受賞して、東京の酒のレベル向上を物語っています。このように、江戸時代「地廻り悪酒」として評されたものの、現在ではその汚名を返上する「心意気」を示しています。

日本酒の消費量は**図3**に示すように、一九七〇年代中盤にピークを迎え、その後、一貫して下がり、二〇〇〇年代前半に焼酎が日本酒を凌駕するに至りました。その後、日本酒消費量の減少傾向はゆるやかになっている様子を示しています。その理由の一つとして、東日本大震災を契機に、特に若い方々が日本酒を見直し始めていることが挙げられます。展示会や私共の日本酒の会（「金婚会」と称します）においても、若い

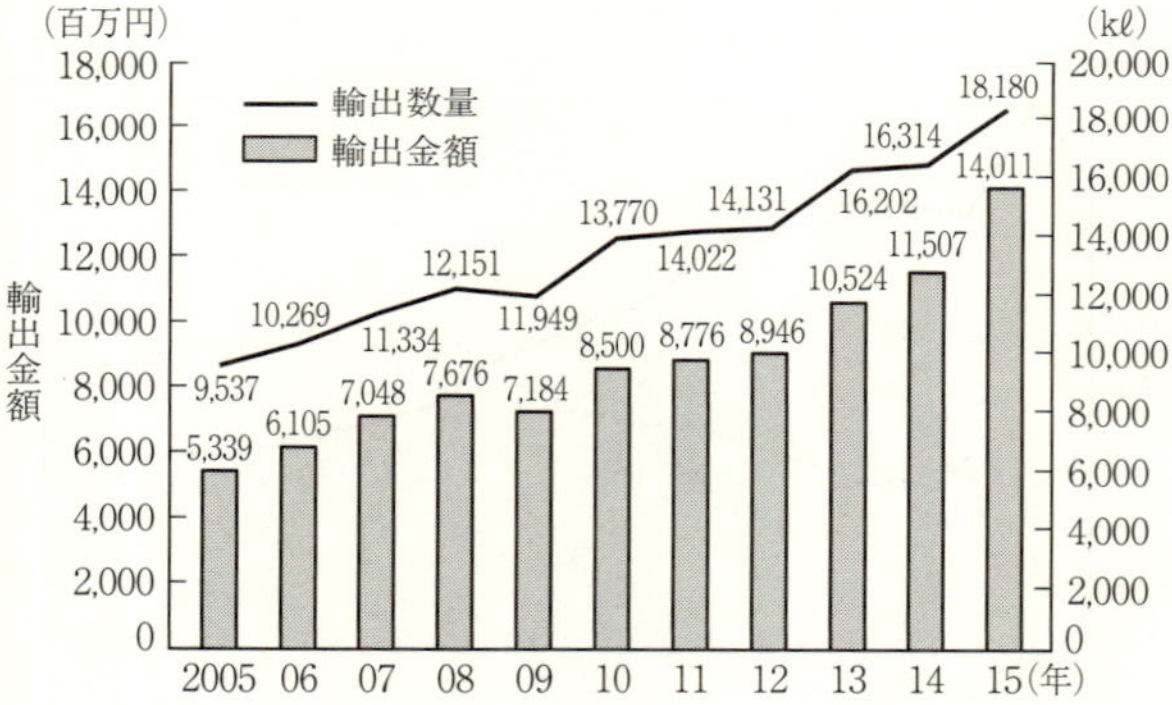

国税庁『酒類の輸出動向について』(平成28年2月)より作成

図4　日本酒の輸出金額と輸出数量の推移

方々(特に女性)の参加者が増えていることを実感しており、新たなお客様として期待しています。

今後、日本酒の美味しさを良い形で伝え、次の世代の日本酒ファン作りを地道に行っていくことが重要と考えます。

また、二〇一三年に「和食」がユネスコ(国際連合教育科学文化機関)の無形文化遺産に登録されたのと軌を一にして、日本酒に対する海外からの注目度が高まっています。**図4**に、最近の海外への日本酒の輸出金額と輸出数量の推移を示します。これから分かりますように、海外輸出は徐々に増加しており、二〇一五年には一四〇億円を超える日本酒が海外に輸出されました。このように、これからの日本酒消費量拡大には、国内の新たなお客様の開拓と共に、海外へ目を向けることが重要です。

毎年ロンドンで開催される、ワインの国際コンクールであるInternational Wine Challengeにおいて、一〇年程前にSAKE部門が作られました。そして、二〇一六年のチャンピオンSAKEには、山形県の出羽桜酒造の純米酒「出羽の里」が選ばれました。このように、同じ醸造酒としてのワインのコンクールに、日本酒の部門が作られるようになったことは、海外における日本酒の認知度が向上している証左に他なりません。一方、フランスのワイン輸出金額は日本の日本酒輸出金額の一〇〇倍近くとも言われており、今後、様々な打ち手が必要であると考えます。

私共の海外への取り組みは、未だ緒についたばかりです。一つの例としては、数年前から、羽田空港、蒲田酒販協同組合と共同開発した、「羽田」という空港限定の免税品を展開し始めました。また、今後は二〇二〇年の東京オリンピック・パラリンピックを見据え、「東京の地酒」として、少しずつ海外の方々に私共の清酒「金婚」を楽しんでいただけるよう、身の丈に合った形で尽力していきたいと考えます。

本書に書かれていますように、日本酒の製造方法の原型は、既に室町時代に確立していました。その中には、様々な繊細な匠《たくみ》の技が凝縮しています。日本酒は日本文化の現れの一つとして、世界に誇るべきアルコール飲料と言えるものです。現在では、世界各国に日本酒が醸される場も出来つつあり、徐々にではありますが、新たな形での日本酒の展開が始まっています。

昨今の「健康志向」の時流の中で、ともすれば日本酒は忌避されることが多くあります。しかしながら、古来より「酒は百薬の長」と言われるが如く、各人の個性に合わせた、時と場を選んだ適量の飲酒は、人生の豊かな刻《とき》に繋がると考えます。

本書を通じて、一人でも多くの方、特に若い方々に、「日本酒とは何か」を知っていただき、杯を傾けながら日本文化の一端を感じ取って、楽しんでいただければ幸いです。

二〇一六年仲秋　涼気を感じる東京神田猿楽町にて

（よしむら・としゆき　株式会社豊島屋本店代表取締役社長）

本書の元本『江戸の酒――その技術・経済・文化』は一九九七年一月、朝日新聞社より刊行された。

江戸の酒—つくる・売る・味わう

2016年12月16日　第1刷発行

著　者　吉《よし》田《だ》　元《はじめ》

発行者　岡本　厚

発行所　株式会社　岩波書店
〒101-8002 東京都千代田区一ツ橋2-5-5

案内 03-5210-4000　営業部 03-5210-4111
現代文庫編集部 03-5210-4136
http://www.iwanami.co.jp/

印刷・精興社　製本・中永製本

ISBN 978-4-00-600356-2　Printed in Japan

岩波現代文庫の発足に際して

新しい世紀が目前に迫っている。しかし二〇世紀は、戦争、貧困、差別と抑圧、民族間の憎悪等に対して本質的な解決策を見いだすことができなかったばかりか、文明の名による自然破壊は人類の存続を脅かすまでに拡大した。一方、第二次大戦後より半世紀余の間、ひたすら追い求めてきた物質的豊かさが必ずしも真の幸福に直結せず、むしろ社会のありかたを歪め、人間精神の荒廃をもたらすという逆説を、われわれは人類史上はじめて痛切に体験した。

それゆえ先人たちが第二次世界大戦後の諸問題といかに取り組み、思考し、解決を模索したかの軌跡を読みとくことは、今日の緊急の課題であるにとどまらず、将来にわたって必須の知的営為となるはずである。幸いわれわれの前には、この時代の様ざまな葛藤から生まれた、人文、社会、自然諸科学をはじめ、文学作品、ヒューマン・ドキュメントにいたる広範な分野のすぐれた成果の蓄積が存在する。

岩波現代文庫は、これらの学問的、文芸的な達成を、日本人の思索に切実な影響を与えた諸外国の著作とともに、厳選して収録し、次代に手渡していこうという目的をもって発刊される。いまや、次々に生起する大小の悲喜劇に対してわれわれは傍観者であることは許されない。一人ひとりが生活と思想を再構築すべき時である。

岩波現代文庫は、戦後日本人の知的自叙伝ともいうべき書物群であり、現状に甘んずることなく困難な事態に正対して、持続的に思考し、未来を拓こうとする同時代人の糧となるであろう。

(二〇〇〇年一月)

G334
差異の政治学 新版
上野千鶴子

「われわれ」と「かれら」、「内部」と「外部」との間にひかれる切断線の力学を読み解き、フェミニズムがもたらしたパラダイム・シフトの意義を示す。

G335
発情装置 新版
上野千鶴子

ヒトを発情させる、「エロスのシナリオ」を徹底解読。時代ごとの性風俗やアートから、性のアラレもない姿を堂々と示す迫力の一冊。

G336
権力論
杉田敦

われわれは権力現象にいかに向き合うべきか。『思考のフロンティア 権力』と『権力の系譜学』を再編集。権力の本質を考える際の必読書。

G337
境界線の政治学 増補版
杉田敦

国家の内部と外部、正義と邪悪、文明と野蛮の境界線にこそ政治は立ち現れる。近代の政治理解に縛られる我々の思考を揺さぶる論集。

G338
ジャングル・クルーズにうってつけの日
—ヴェトナム戦争の文化とイメージ—
生井英考

アメリカにとってヴェトナム戦争とはどのような経験だったのか。様々な表象を分析しながら戦争の実相を多面的に描き、その本質に迫る。

G339
書誌学談義 江戸の板本
中野三敏

江戸の板本を通じて時代の手ざわりを実感するための基礎知識を、近世文学研究の泰斗がわかりやすく伝授する、和本リテラシー入門。

G340
マルク・ブロックを読む
二宮宏之

現代歴史学に革命をおこし、激動の時代を生きたブロック。その波瀾万丈な生涯の軌跡と作品世界についてフランス史の碩学が語る。〈解説〉林田伸一

G341
日本語文体論
中村明

日本語の文体の特質と楽しさを具体的に分かり易く説いた一冊。日本語の持つ魅力、楽しさが、作家の名表現を紹介しながら縦横に語られる。

G342
歴史を哲学する
—七日間の集中講義—
野家啓一

「歴史的事実」とは何か？　科学哲学・分析哲学の視点から「歴史の物語り論」「歴史修正主義論争」など歴史認識の問題をリアルな講義形式で語る、知的刺激にあふれた本。

G343
南部百姓命助の生涯
—幕末一揆と民衆世界—
深谷克己

幕末東北の一揆指導者・命助の波瀾の生涯をたどり、人々の暮らしの実態、彼らの世界観、時代のうねりを生き生きと描き出す。

2016. 12

G344
〈物語と日本人の心〉コレクションI 源氏物語と日本人―紫マンダラ―
河合隼雄 河合俊雄編
『源氏物語』の主役は光源氏ではなく、紫式部だった？ 臨床心理学の視点から、現代社会を生きる日本人が直面する問題を解く鍵を提示。〈解説〉河合俊雄

G345
〈物語と日本人の心〉コレクションII 物語を生きる―今は昔、昔は今―
河合隼雄 河合俊雄編
日本の王朝物語には、現代人が自分の物語を作るための様々な知恵が詰まっている。河合隼雄が心理療法家独特の視点から読み解く。〈解説〉小川洋子

G346
〈物語と日本人の心〉コレクションIII 神話と日本人の心
河合隼雄 河合俊雄編
日本人の心性の深層に存在する日本神話の意味と魅力を、世界の神話・物語との比較の中で分析し、現代社会の課題を探る。〈解説〉中沢新一

G347
〈物語と日本人の心〉コレクションIV 神話の心理学―現代人の生き方のヒント―
河合隼雄 河合俊雄編
神話の中には、生きるための深い知恵が詰まっている！ 現代人が人生において直面する悩みの解決にヒントを与える「神々の処方箋」。〈解説〉鎌田東二

G350
改訂版 なぜ意識は実在しないのか
永井均
「意識」や「心」が実在すると我々が感じる根拠とは？ 古くからの難問に独在論と言語哲学・分析哲学の方法論で挑む。進化した永井ワールドへ誘う全面改訂版。

岩波現代文庫[学術]

G351-352
定本 丸山眞男回顧談(上・下)
松沢弘陽
植手通有
平石直昭 編

自らの生涯を同時代のなかに据えてじっくりと語りおろした、昭和史の貴重な証言。読解に資する注を大幅に増補した決定版。下巻に人名索引、解説(平石直昭)を収録。

G353
宇宙の統一理論を求めて ―物理はいかに考えられたか―
風間洋一

太陽系、地球、人間、それらを造る分子、原子、素粒子。この多様な存在と運動形式をどのように統一的にとらえようとしてきたか。科学者の情熱を通して描く。

G354
トランスナショナル・ジャパン ―ポピュラー文化がアジアをひらく―
岩渕功一

一九九〇年代における日本の「アジア回帰」を通して、トランスナショナルな欲望と内向きのナショナリズムとの危うい関係をあぶり出した先駆的研究が最新の論考を加えて蘇る。

G355
ニーチェかく語りき
三島憲一

ニーチェを後世の芸術家や思想家はどう読んだのか。ハイデガーや三島由紀夫らが共感した言葉を紹介し、ニーチェ読解の多様性を論ずる。岩波現代文庫オリジナル版。

G356
江戸の酒 ―つくる・売る・味わう―
吉田元

酒づくりの技術が確立し、さらに洗練されていった江戸時代の、日本酒をめぐる歴史・社会・文化を、史料を読み解きながら精細に描き出す。〈解説〉吉村俊之

2016. 12